心有阳光
便能幸福

李宇晨 编著

煤炭工业出版社
·北京·

图书在版编目（CIP）数据

心有阳光，便能幸福／李宇晨编著. －－北京：煤炭
工业出版社，2018

ISBN 978 - 7 - 5020 - 6839 - 4

Ⅰ.①心… Ⅱ.①李… Ⅲ.①成功心理—通俗读物
Ⅳ.①B848.4 - 49

中国版本图书馆 CIP 数据核字（2018）第 194508 号

心有阳光　便能幸福

编　著	李宇晨
责任编辑	高红勤
封面设计	荣景苑

出版发行　煤炭工业出版社（北京市朝阳区芍药居 35 号　100029）
电　话　010 - 84657898（总编室）　010 - 84657880（读者服务部）
网　址　www.cciph.com.cn
印　刷　永清县晔盛亚胶印有限公司
经　销　全国新华书店

开　本　880mm×1230mm$^1/_{32}$　印张　$7^1/_2$　字数　200 千字
版　次　2018 年 9 月第 1 版　2018 年 9 月第 1 次印刷
社内编号　20180361　　　　　定价　38.80 元

前　言

　　生活中，如果你渐渐地感到自己越来越脆弱，遇到的困难、问题越来越多，毫无疑问，你肯定是走进了灰暗的心理世界之中。此时，就需要你在各个方面不断地寻求突破。如果你依旧迷茫，甚至执迷不悟，一直都在灰暗的心理世界徘徊，甚至是苦苦挣扎，你的生活就会陷入一片苦海之中。更为重要的是，你的情绪还会影响到你身边的所有人，那时候，你的痛苦不仅仅是一个人的痛苦，这对其他人是不公平的。

　　但是，我们也不可能讨好每一个人，让每个人都过得开心快乐，或让每一个人都对我们自己满意，我们不是圣人。因此，我认为，与其辛苦地讨好别人，倒不如讨好自己。先让自己开心起来，走出心理低谷，这比什么都重要。

　　如果你是一个心理灰暗的人，请仔细地分析、评估你的生活，尽可能地找出其中的积极因素，哪怕是非常微小的成功，也要由衷地庆祝一下，以培养你的乐观和自信。即使你有时失败了，也要想到毕竟离成功更近了，因为你曾经多次获得过成功。品味成功，将使你产生积极、乐观的心境。更重要的是，你应不断地学习并充实自己，这样的话，生活中的种种不如意也就不致使你消沉和失望。

　　我真心祝愿在这个世界上的每一个人，都能想办法使自己保持一种自信及乐观的心境。

目　录

|第一章|

时间有限，生命不止

第一章

时间有限，生命不止

直面生命

生命是一个伟大的话题，不是我们哪个人用一句话、两句话，就可以说得清，道得明的。

一位心理学家曾经这样说过："你拥有改变一切的力量，因为你的生命已经赋予了你选择思想和感受感觉的力量，而这一切均源于我们自己。"

我们知道，在每一个人的身体上和精神上都有很健康的人类生命，都有一个与生俱来的愿望，这就是寿比天长。就算世界上有那么一些人不想永久地活下去，那也是因为他处在某种身体或精神的反常情境中，或者他预料会遭遇这样的情境。否

则没有人不希望长寿无疆。

每个人的一生都会经历这样几个时期：

1.童年时期

在这个时期，我们是感官主义者，因为我们满足于吃、穿、玩、闹。

2.青年时期

这时候，我们则成了理想主义者，因此，在所爱的对象身上，可以发现本来没有的优点。

3.中年时期

中年时期，也是爱情容易发生动摇的时期，这时，疑心占据了我们生活的三分之一，尤其是当对方不忠实时，我们又变成怀疑论者了，连自己也不知其所以然。

4.老年时期

到了暮年，一切都变得无足轻重，我们就听其自然，于是变成清静无为者了。

光阴改变着我们的面容，也改变我们的性情；每个年龄段，都有其特殊的心理、精神与行动。世间万物，原本都是来去匆匆、生死无常，而且还要忍受身心种种困厄、苦恼，遭受各种灾祸。我们人类寄借在天地万物之间，而且，就是其中的

一分子，实在是柔弱而无助，常常无力抵御外界的某些欺凌，也忍受不了自然界的重重折磨。人，实在是有限的。

难怪有时候，造化把高贵的灵魂赋予卑贱的肉体；有时候，命运之神却叫具有高贵灵魂的人，操持卑贱的职业。

人类，由婴孩变为青年，由青年变为中年，由中年变为老人，看似漫长，实则是弹指之间。在此过程中，大部分的人将生命的答案归结为活着，就是为了吃喝玩乐。

也许很多人不认同这个生命的答案，但是谁能说出一个更合适的答案呢？我认为，生活中，很少有人愿意去追寻活着的真正意义，因为他们知道，若要追究背后更深的意义与思想，他们要么逃避，要么含糊其词，甚至最后只能坠入无底的虚空。

有些思想，是难以言传的，它们似乎和人的心灵始终融合在一起。尽管它们常常匿影藏形，但我们却可以强烈地感觉到其潜在的力量。作为地球上最有力、最活跃的生命，弄清它们的本来面目，是人类的根本价值所在，并可从中获得更大的幸福。

据有关资料显示，一个人朝一个人由衷地微笑，需要调动30多块面部肌肉；一个人鼓足勇气，对另一个轻轻说声"我爱你"，至少要消耗三个苹果所能提供的全部热量；而当一个人决意遇见另一个人，并与之白头偕老的话，则需要花费20年左

右的时间来等待，外加六七十年的岁月，才能最终完成。

此外，一个人一生所流出的汗水与泪水中包含的盐分，倘若一次性提取出来，足够做出几十道美味佳肴；一个腿脚健全的人，一生中走的路加起来，可以绕地球70圈以上；我们很难想象，在这个偌大的世界上，一个人与另一个人相遇的可能性大约是千万分之一，成为朋友的可能性是两亿分之一，而成为终生伴侣的可能性则只有五十亿分之一……

从这些数字中，既可以看到人的伟大，又可以看到人的渺小。如果你已经遇到了那些与你相遇、与你为友、与你为伴的人，你是多么的幸福与幸运！

所以，当我看到这则资料的时候，我暗自思忖，在人有限的生命中，最高的追求，莫过于将这些数字转化成有意义的事情。

一个人只要认真思考过死亡，不管是否获得了满意的结果，他都好像把人生的边界勘察了一番，看到了人生的全景和限度。这样一来，他就会形成一种豁达的胸怀；他清楚一切幸福和苦难的相对实质，因而快乐时不会忘形，痛苦时也不致失态。

南美洲有一个民族，婴儿刚生下来，就获得60岁的寿命。人生一切大事，都得在这60年内完成，此后的岁月，便用来颐养天年。这真是个绝妙的计岁方法。从这种意义上说，人生不

过是我们从上苍手中借来的一段岁月而已，过一年还一岁，直至生命终止。

可惜，我们常会产生这样一种错觉："日子长着呢！"于是，我们懒惰，懈怠，怯懦。无论做错什么，我们都可以原谅自己，因为来日方长，不管什么事，放到明天再做也不迟。直到有一天，死亡的阴影笼罩着我们时，我们才悚然而惊：糟了，总以为将来还长着呢，怎么死亡说来就来了！那些未尽的责任怎么办？那些未了的心愿怎么办？那些未实现的诺言怎么办？

我们终究有一天会接到死亡通知书，踏上那条不归路。追悔也罢，遗憾也罢，无人能够更改那个早已写好的结局。人生既是借来的一段岁月，当然是过一天少一天了。而面对自己日渐减少的寿命，谁又能无动于衷呢？将生命"倒计时"，这是一个多么重要的提醒。

因此，我们应该善加利用有限的时光，将手中事务整理清楚，分出轻重缓急，再一一安排妥当。当我们的生命只剩下短短几年、几个月甚至几天时，我们要将其用在最重要的事情上。这样，即使最终到达了预定的终点，我们的心中也不会有太多遗憾。我们可以无悔无愧地告别这个世界。

做人要有信仰

信心是做好一切的基础，生活同样也需要信心。

人和动物的最大的区别就在于人可以有信仰。人，可以有为信仰而拼搏终身的冲动。信仰使人高出宇宙万物，信仰使人具有百折不挠的精神力量。

信仰，是内心的光，它照亮了一个人的人生之路。在正直的信徒那里，信仰永远不会披上伪装。为了信仰，为了使之像日月星辰那样在头顶照耀，他甘愿随人世间所有的痛苦。没有信仰的人，犹如在黑夜中前行，不辨方向，没有目标，随波逐流。即使是一位孤军奋战的悲剧英雄，他也需要想象自己是在

为某种信仰而战。这样的信仰，不在于相信佛、上帝、真主或者其他神灵，而恰恰在于相信人生应该具有崇高的追求，有超出世俗的理想目标。信仰的种子，有时须待冰消雪融，方能破土而出。卧于雪中，永远不会成熟。

所以我们说，信仰是绝望者的希望。

为此，即使你的精神和肉体遭到冲击，乃至残害，也不要对你维护信仰的激情有半点儿疑心。纵然各种势力，都在与你为敌，并与信仰的力量分庭抗礼，倘若步履坚定，你仍可信赖自己的一片赤诚之心。你若是否定自己，一朝抛弃信仰，你的灵魂，从此便将"死"去。

在欧洲文明史上，有一个伟大的名字——苏格拉底，他既是伟大的哲学家，也是个人信仰的殉道者。

据史料记载，古雅典的奴隶主统治以及"伪民主"领袖阿尼特超越本分的行为，一向为苏格拉底所不齿。于是，阿尼特伙同另外一些亡命者，以渎神罪和毒害青年罪为名，起诉苏格拉底。雅典变得愈加黑暗，苏格拉底感到绝望，他拒绝了多次减轻罪名和逃跑的机会。在临刑前，狱吏甚至为他开了后门，并从里面将门闩上，可苏格拉底竟从前门绕道而回。

事实证明，是苏格拉底选择了死，不是死选择了他！而这一点，正是苏格拉底的目标。他是一只牛虻，永远的反对派，但正因为他的存在，能使人们时时审视自己是否捍卫了崇高的信仰，是否对得起自己的良知。

在苏格拉底的心中，一直有一个理想的民主目标——人权不可分成等级，雅典公民，不仅仅要有政治权利上的平等，而且要有经济、社会和文化上的真正平等；这并不是要求财富均分，而是经济、社会和文化（主要是经济）上的不平等，不至于影响政治上的平等。这对制度设计提出了一个极高的要求，也是民主制度一个永恒的难题。这正是他一生的信仰。

可以想见当苏格拉底面临最后的指控时，他的心中肯定感到了无力与无助。他对弟子们说："作为你的老师，我的死将是给你们大家上的最后一课。"苏格拉底最后在法庭上说："对我来说，我并不畏惧这样的判决。即使到了阴间，我仍将使世界的良心感到不安，这，甚至使我感到幸福。"可见，他对于自我信仰无比虔诚。

在我们的生活中，有的人，也喜欢谈论信仰，但大多数都是口口声声宣扬"为信仰奋斗"的人，也许他们可以逞一时之

勇，但是绝对很少有人可以做到像苏格拉底那样。

对生命的热情，对信仰的虔诚，都源于我们对生活的信心，只有我们保持一颗坚定的生活之心，我们才能有勇气和力量去追求我们的信仰，让我们的生命格外绚烂夺目。

心有阳光，便能幸福

珍惜健康

如果现在我问大家，对人来说，最重要的是什么？

我想，如果是30年前，也许很多人会回答，是财富、地位等。但是，随着社会的发展，人类文明的不断进步，人们的价值观也有了很大的改变，我觉得很多人都会说，人最重要的就是健康。

试想，一个人如果疾病缠身、身体虚弱，或者烟酒无度、元气大伤，其成功的可能性是很小的。他们在与生龙活虎的人竞争时，明显处于劣势。

一个虚弱不堪、能力有限的年轻人，拼命追求成就与声

望，却一无所获，这是令人无比痛心的。而最令人难受的是他自身的雄心和愿望，本来可以实现自己的想法，本来可以拥有一种高尚而充实的生活，但由于身体条件所限，却无法实现。没有了健康，没有了生命，其他的一切从何说起？生命还有什么意义？

曾经有人用"1000000000000"来比喻人的一生，其中"1"代表健康，各个"0"代表事业、金钱、地位、权力、快乐、家庭、爱情、房子、车子……开头的"1"一旦失去，后面的"0"将没有任何意义。

我想，这个比喻，会让那些只顾追逐财富而忽视健康的人感到震惊！在现实生活中，人们往往为了生活、为了财富，而投入大量的精力和时间，甚至无暇休闲、运动，更不会去关心注意自己的健康问题。

医生说："拿破仑的脉搏每分钟跳动从来不超过62次，尽管他的胸脯上没有几根毛、生殖器小得像个孩子的一样。"

拿破仑说："我还从来没听到过自己的心跳，简直就像我没有心跳一样。"

但是，他又说："大自然赋予我两种有价值的才能：只要想睡就睡，不能吃喝过度……吃得太多会使人生病，吃得不

够量却从来不使人生病。"长时间的骑马、乘车增强了他的体
质，"水、空气和爱干净是我喜爱的药物。"

　　他能一口气乘车将近500英里从蒂尔西特到德累斯顿，到
目的地之后依然精神饱满；他能在马上骑50英里，从维也纳到
塞默灵，在那里吃早饭，当天晚上再回到申布伦，继续工作；
他能骑马奔驰5个小时、80英里，从巴利阿多里德到布尔戈斯；
他经过长时间的骑马和行军，于午夜抵达华沙，早晨七点又接
见新政府成员。与英格兰的战争爆发后，他与四位秘书连续工
作了三天三夜，然后在热水里泡六个小时口授快信。在拿破仑
身上，这种强大的信念存在于他心里，支撑他去奋斗，使他在
关键时刻能够释放出超人的能量，全力以赴。

　　当然，很多人都曾有过这样的感受，如皇帝、将军、很多
企业家等。

　　衡量一个人事业的成功与否，并不以其在银行中存款的多
少而定，而全在于他怎样利用身体内在的所有资本，也就是健
康。试想，一个生命垂危的亿万富豪，躺在病床上奄奄一息，
即使拥有万贯家产、声名显赫恐怕也无福消受。

　　健康是我们一生成功的资本，没有健康其他的一切便都是

空中楼阁。生命中最重要的奖赏则是健康的体魄。健康曾体现在布雷厄姆领主连续工作144个小时的狂热中，体现在拿破仑24小时不离马鞍的精神中，体现在富兰克林70岁高龄还露营野外的活动中，体现在休斯顿84岁的高龄还能掌握国家这艘航船的方向的状态中。上述种种，成就了生命中最重要的东西。

健康是成就伟大事业的条件，这是一条铁的法则。虚弱、无精打采、无力、犹豫不决、优柔寡断的人，有可能过上一种令人尊敬和令人羡慕的高雅生活，但是他很难往上爬，更不会成为一个领导者，也几乎不可能在任何重大事件中走在前列。

格莱斯顿和丁尼生曾一起参加一个盛大的宴会。据说前首相格莱斯顿很有兴趣地享受美食，时而大笑，时而闲聊，时而讲些趣闻逸事，他充分地展现着他的聪明才智和生机活力。而丁尼生则不然，他一直在旁边沉默着且面带悲伤，看上去是对这些东西烦透了。

与格莱斯顿相比，桂冠诗人丁尼生是比较年轻的，但是他用于工作的时间太多了，因此他忽视了自己的健康。他烟抽得很厉害，一连几个小时地坐着，身边放着陶制的烟斗，一支接一支不停地抽。格莱斯顿则正好相反，他总是谨慎而明智地照

顾着自己的身体。没有谁看见过他痛苦、忧郁。

米开朗琪罗在他伟大的绘画作品中，无论是描绘天堂还是地狱，无一不体现出强壮的身体力量，这就是意大利人对人的力量的热爱。

在饮食和生活起居上，如果我们能够应用自己的常识，维持适当的营养，过一种简单、有规律、有节制的生活，那么我们永远都不需要服药。但我们当中有很多人，却过着一种违背生活规律的、有损身体健康的生活。

很多人为了节省金钱，便忽略身体上应有的营养。他们出外办事时，总是饮食无定，有时竟一点儿东西也不吃，就是吃也不依照正常的时间；他们往往为了工作，匆促地吃点儿简单的盒饭；他们剥夺了自己睡眠和休息娱乐的时间。由于他们经常摧残自己的身体，所以，不到40岁，他们的头发已经渐白，身体已经显出衰老的样子。这样的人，其实不但没有节省，反而是一种最坏的浪费。

许多人因为不善于保养自己的身体，所以即使具有超群的天赋，却最终只获得了微不足道的成功。千千万万人到了晚年才感到，甚至连年轻时1%的希望也不能达到，因为身体的原因使自己远离了成功，最终只能在枯燥和萎靡不振中度过余生。

　　洛伦兹·弗尔教授是一位知名学者，他活了85岁。他在总结自己长寿经验时说："努力工作，但任务不要太繁重；要避免忧虑和恼怒，尽可能以和你的性情相符的方式来生活，充分利用上天赋予你的才能；尽量不要生活在太大的压力之下；面对金钱和健康，要合理选择；一日三餐，要进食水果、蔬菜、谷类、鸡蛋和牛奶；从一开始就要成为严格的戒酒、戒烟者，并且要终生保持这一好习惯；要进行有规律的日常锻炼；保持清洁是神圣的；不要喝浓咖啡或者浓茶；感到疲倦想睡觉时就睡觉，每人每星期至少有一天用来休息。如果你做到了上述这些，十之八九你会长寿。"

　　很少有人意识到自己身上的小病有着很大的自我暗示作用。时间一长，就会形成坏习惯，好像自己总是不舒服。如果谁早晨起床有点儿头痛或其他小毛病时，不是立即想办法克服或采取积极的心态面对，不是去户外走走，呼吸新鲜空气，摆脱消极情绪，而是不厌其烦地向别人诉说，或者赶紧吃头痛药或其他特效药，这种做法只会使自己真的觉得生病了。

　　于是开始自怜起来，在不知不觉间，一个或有或无的小症状被自己夸大了，甚至主宰了整个思想，以为自己得了什么大

病。这样，一天的工作也就无法做下去。心态如此不积极，又怎会有一个健康的身体呢？

人是一种惰性十足的动物，或多或少，都易于放松自己。年轻人常感到自己的很累或不舒服，习惯于懒洋洋地躺在沙发上，这是世界上最容易、最简单的事情。许多所谓的"无能为力"，只是懒惰的借口，这从孩童时代就已经形成，并一直伴随着我们的成长。

总之，拥有健康，才能获得人生的成功。所以，在健康方面，请远离懒惰，不要将其当作借口。在竞争激烈的现代社会，各种压力包围着我们，如果没有一个健康的身体，如何能承受巨大的压力，又如何能做好工作，好好生活，取得事业上的成功呢？因此，要保持一个健康的身体，让工作更高效，生活更美好。

端正生活的态度

无论是事业还是生活，人的态度都是非常重要的。一般来说，精神乐观、积极上进的人，不管做什么事都精力十足、神情专一、心情舒畅，能够自己创造机会、把握机会，能够把工作做出好的结果。正是因为具备了良好的心态、愉悦乐观的精神、充分的生活热忱，很多人在单调无趣的工作中做出激情洋溢的伟大事业。

有一位母亲带着两个女儿相依为命，他们过着简单而平静的生活。后来，母亲病倒了，家里的经济状况开始恶化。这时候，大女儿决定去找工作，以维持家里的基本开销。

　　她听说离家不远的地方有一片森林，里面充满着幸运。她决定去碰碰运气。如人们传说的那样，她也很幸运。当她在森林中迷失方向、饥寒交迫的时候，抬眼一看，她已经来到一间小屋的门前。

　　一进门，她就大吃一惊，因为她看到了杯盘狼藉、满地灰尘的场面。大女儿是一个喜欢干净的姑娘，等她的手一暖和过来，她就开始整理房子。她洗了盘子，整理了床，擦了地。

　　过一会儿，12个她从来没有见过的小矮人走了进来。他们对屋里焕然一新的环境十分惊讶。小女孩告诉他们，这一切都是她做的。她妈妈病了，她出来找工作，想在这里歇歇脚。

　　小矮人们非常感激。他们告诉她，他们的仙女保姆去度假了。由于保姆不在，房子变得又脏又乱。现在他们需要一个临时保姆。听到这个消息，大女儿高兴极了，她马上表示愿意当他们的临时保姆。工作生涯开始了。

　　第二天，她早早地起床，给主人们做早餐，打扫屋子，准备晚餐，手脚勤快，工作又认真。第三天、第四天也是如此。

　　到了第五天的时候，她透过厨房的窗子看到了美丽的森林

风景。她想自从来到这里，还没有见过白天森林的景色。于是，决定出去看看。

对于大女儿来说，一切都是那么新奇。她在外面玩了整整两个小时。回到屋里的时候，太阳已经快落山了。她急急忙忙地跑过去整理床铺、洗盘子，准备晚饭，还有就是必须要打扫地毯下面的灰尘。但由于时间太短，她决定不打扫地毯下面的灰尘了。她觉得不打扫也没有关系。

小矮人回来后，一如往常。

又过了一天，大女儿又跑出去玩，又没有打扫地毯下的灰尘。因为她打算每周清理一次灰尘。

又过了五天，小矮人也没有说什么，用过晚餐，他们聚在一起打扑克。其中有一位小矮人丢了一张牌，他们到处寻找都没有找到。这时候有一位小矮人开玩笑地说："说不定那张牌钻到地毯下面去了。"当他们揭开地毯，看见了灰尘满地的地板。

结果，大女儿丢掉了这份工作，离开了森林，开始寻找下一份工作。在深深的懊悔中，她开始明白，就算机会垂青，工

作机遇降临身边，也要付出责任心，百分之百地完成工作。这样才算是真正地掌握了机会，利用好了机会。

所以，有什么样的态度，就会有什么样的人生。

他一生下来就什么也看不见，为了生存，他便继承了父亲的职业——种花。

但他从来不知道花的样子和颜色，别人说花是娇艳美丽、五彩缤纷的，但是他也想象不出，于是他一有空就用指尖去轻轻地触摸花朵，然后用鼻尖小心地嗅一嗅花香：他用自己的心灵去感觉鲜花，在心底画出了花的娇态，并给不同香味的花添上不同的色彩。

他比普通人更加爱花，每天都定时给花浇水，每隔一段时间又定时拔草除虫。下雨替花打伞，天晴替花遮阳……很多人都对他的举动感到奇怪，值得对一些花那么百般爱护吗？

不过，他的花确实是城里长得最好的，满园的牡丹、玫瑰、风信子……五彩斑斓，旺盛得惹人怜爱，从这儿过的人老远就能闻到一股醉人的花香。

盲人对鲜花付出了自己的热爱和心血，鲜花也就长得分外娇艳。可见，不管是谁，只要真心喜爱自己的事业，为之全心

全意地付出热忱，他就一定能做出骄人的成绩。

在生活中，有些人厌恶工作，愤世嫉俗，做事拖沓散漫；而有些人则乐观向上，干劲十足，精神专一，善于自己创造机会、把握机会。任何一个老板都会对办事勤恳、专一的员工信任有加。每一次提升都会给他们以莫大的鼓舞，而员工的乐观积极的心态也会感染老板，因为他们知道，下属正在尽心尽力地帮助自己。而在消极怠工的员工的影响下，上司也会抱一种随遇而安的心理对待工作。当然，对于善待工作的员工，领导也会格外善待他。

一个人是否喜爱他的工作，可以从他的外在看出来。如果他很投入，那他的自发性和创造性将会充分发挥，并表现得相当专注。那些以应付工作为目的的人，是无论如何都做不出这些表现的。

因此，端正你的态度，好好生活，好好工作，你的一切才会更好。

时间有限，生命不止

生活是无情的，生命是残酷的。所以，你务必尽早选定人生的方向，避免误入歧途。但是，生活中有太多人奔走在追寻爱、健康和财富这三件东西上，但由于总是南辕北辙地在"外在世界"中寻找，结果总是无功而返。对于这些人，我们深感惋惜，但是又无可奈何。

有相当多的人仿佛是匆匆上路，从黎明开始，他们就不幸地走上一条方向有误的道路，及至黄昏，才发现离开正道已经太远，要想在天黑前赶回去，已经渺无希望。

几个学生向苏格拉底请教时间的真谛。

苏格拉底把他们带到果林边，对他们说："你们各顺着一行果树，从林子这头走到那头，每人摘一个自己认为最大、最好的果子。不许走回头路，不许做第二次选择。"

学生们出发了。他们都十分认真地进行着选择。等他们到达果林的另一端时，老师已站在那里等候着他们。

苏格拉底问："你们都选择到自己满意的果子了吗？"

一个学生请求说："老师，让我再选择一次吧！我走进果林时，就发现了一个很大、很好的果子，但是，我还想找一个更大、更好的。当我走到林子的尽头后，才发现第一次看见的果子，就是最大的、最好的。"

其他学生也请求再选择一次。

苏格拉底摇了摇头说："孩子们，没有第二次选择，人生就是如此。"

生命的真谛之一 ——没有第二次选择。生命只有一次，你不能选择重新来过，一切，都必须从当下做起。这是我们唯一的选择，没有捷径可言。

莎士比亚也说："时间是无声的脚步，不会因为我们有许多事情要处理，因而有片刻停留。"

　　其实，人生的秘密，尽在时间——在于时间的魔术和骗术，也在于时间的真相和实质。时间把种种妙趣赐给人生：回忆，幻想，希望，遗望……人生本身时刻依赖时间，但时间本身，又是不折不扣的虚无，是绝对的重复，是永远的虚幻。

　　在遥远的古代印度，有一个国王，他的国家广大而强盛。他得到一个美若天仙的女子作为王妃，两人相亲相爱。然而好景不长，不久后，他的宠妃得了绝症，就连全国最好的医生也感到束手无策。最终，宠妃香消玉殒。

　　悲恸欲绝的国王为爱妃举行了盛大的葬礼，用所能找到的最好的木材，用最好的工匠为爱妃做了棺椁。为了能日日见到爱妃，国王下令，把棺椁放在王宫旁的大殿里，一有时间就来此陪伴爱妃，回忆过去的美好时光。

　　时日久了，国王觉得大殿周围的景色单调贫乏，不配爱妃的容颜，于是，在周围修建花园，从全国各地搜寻奇花异草。花园建成后，觉着还缺些什么，又引恒河水，建成了一个美妙绝伦的人工湖。湖建成后，又修造亭台楼阁。后来，又请来一流的雕刻师制作精美的雕塑……总之，国王总不满意这个园林，一直不断地扩充和完善。

一直到暮年之时，他还在苦苦思索，怎样让这座绝世园林更加完美。

有一天，他的目光落在爱妃的棺椁上，觉着它停在这样的园子中很不协调，于是就挥了挥手说："把它搬出去吧！"

时间可以抹杀一段真爱，时间也能改变一颗心，时间能改变一切！

美好的过去固然珍贵，但不能用它来束缚今天的行动。每天早晨睁开眼睛，我们真正能掌握的，唯有今天而已。谁也无法将一只脚遗留在过去，也无法单靠一只脚，便踏入未来。

哲学家伏尔泰问："世界上，什么东西是最长的，而又是最短的；是最快的，而又是最慢的；是最易分割的，而又是最广大的；是最不受重视的，而又是最受惋惜的；没有它，什么事情都做不成；它使一切渺小的东西归于消灭，使一切伟大的事物生命不绝？"

智者查帝格回答："世界上最长的东西，莫过于时间，因为它永无穷尽；最短的东西，也莫过于时间，因为人们所有的计划都来不及完成；在等待着的人看来，时间是最慢的；在作乐的人看来，时间是最快的；时间可以扩展到无穷大，也可以

分割到无穷小；当时，谁都不重视，过后，谁都表示惋惜。没有时间，什么事都做不成；不值得后世纪念的，时间会把它冲走，而凡属伟大的，时间则把它们凝固起来，永垂不朽。"

时间能够安慰人心，时间带来无数的改变。它使得各种色彩，不断进入我们的眼帘，使得各种声音，纷纷袭入我们的耳鼓。时间使我们的思想恢复镇定与弹性，使我们忘却生活带来的打击。时间总会带来新的希望，新的爱情。

时间有限，但是生命不止。我们要在有限的时间里选择一种让自己可以活得更久的生活方式。我们要善加利用时间，珍惜生命，珍惜我们身边拥有的一切，因为时间和生命都容不得我们做出二次选择，我们唯一的选择就是努力做好当下。

追求完美

我们都喜欢照镜子，但是，根据科学家们的观察，他们发现女孩子照镜子和男孩子照镜子时的感觉并不一样。男孩在镜子面前自我欣赏，而女孩子关心的则是从镜子里看看别人眼中的"我"是什么样的。虽然出发点不同，但在关注自己这一点上却是共同的，不过有的人关注自己，却并不喜欢自己。这是为什么呢？

有一位医师曾在他的一本书中写道："适当程度的'自爱'对每一个正常人来说是很健康的表现。为了从事工作或达到某种目标，适度关心自己是绝对必要的。"

　　的确如此。人要想活得健康、成熟，"喜欢自己"是必要条件之一。从心理学的角度来说，这并不是指充满私欲的自我满足，而是意味着自我接受自己的本来面目，并伴以自重和人性的尊严。除非我们确实喜欢自己，否则我们无法喜欢别人。

　　喜欢自己，同喜欢别人一样重要。

　　事实上，并不是缺点使我们的演讲、艺术作品或个人性格显得失败。莎士比亚的戏剧里有许多历史和地理的错误；狄更斯的小说也有不少过度矫情的地方。但谁会去注意这些缺点呢？这些作品都闪耀着不朽的光辉——由于它们的优点那么显著，以致缺点都变得不重要了。你爱你的朋友，是因为他们的种种优点，而不是缺点。

　　把注意力放在自身好的品质上，培养优点，克服弱点，如此才能不断进步，并自我实现。当然，我们也会随时改正错误，却不必一直放在心上。每当我们犯错误的时候，我们的心灵常常因为罪恶感，再加上过往和现在所犯的种种过错，而显得自惭形秽，我们开始讨厌这样的自己。为了让自己跳出这样的情景，我们必须把过去种种埋葬掉，重新出发。

　　无论何时，你一旦出现那些"逃避"的用语，马上大声纠正自己。把"那就是我"改成"那是以前的我"；把"我没办

法"改成"如果我努力，我就能改变"；把"我怎样怎样"，均可改为"我选择怎样怎样"；此时，你是否好像感觉自己已经抓住了车子的方向盘，同时完全掌握了车子的正确操作；车子开动后照着你的意思前进后退，往左往右，其实从你下车到再度使用车子为止，所运用的方法都是一样的。

我们要做到上面的道理所说的那样，就要让肉体来顺从你的意志，而不是让肉体来役使你。精神应该是肉体的主人，肉体只是扶持精神的，每一个人都应该有这种认识。能够自我支配的人，绝对不会有如下的想法"我没有办法做这件事"，因为如果他自己认为做得到，就一定可以做到。

当然，我们只有先了解自己的优缺点，使消极面减少，让积极面扩大，我们才能支配自己。

现在，拿出一张纸和笔，在纸的中央画一道线，把所有的消极特质，也就是自己应该努力减少到最低程度或完全消灭的特质，一一列举出来，例如你胆怯或懦弱，或者容易烦恼，或有某种不良的习惯及嗜好等，写在纸的一侧。

把自认为好的一面写在纸的另一边，如：温和的脾气、性格，又如"凡事往好处想"。

其真正的用意，并不在堆列所有好的和坏的特质，而是要

把自己的形象活生生地勾画出来。

观察勾画出来的自我形象，你可能会发现新的事实，你并不是一个十分没用的人，虽然有许多不太好的特质，但是那些都在积极面的项目中充分地抵消掉。

克服消极倾向，不要想在短短的一个晚上出现奇迹。可能你到达现在的地位，已经花费了好几年时间，所以你应该觉悟，要改变这种局面，需要再花一段时间。

仔细地考虑，应该先从哪个消极面着手，不要一开始就选择立即可以完成的项目；也许有些人能一次就全部完成，如果没有这种自信，不妨先选择其中几种试试看。

一定要坚持到底，直到完全胜利，千万不要中途退缩。为了获得支配自己的意识，须常常反复提醒自己："我是自己思考和行为的主人，我的未来由自己来创造。或许以后我会成就非凡，因为我对未来充满了健康、乐观和幸福的憧憬，所以我……"

当你在心里默念这些话的时候，你就可能发现一种不可思议的力量。你就会不断激励自己：不要做一个困兽，要冲出自制的樊笼，做一只翱翔的飞鹰，在宽广的天空划过，留下飞翔的痕迹！

第二章

摘下心灵上的面具

克服自卑

一个自卑感较强的人，他往往会通过牺牲自己的权力而让旁人来证实自己。自卑感的产生，往往并非认识上的差异，而是感觉上的差异。其根源就是人们不喜欢用现实的标准或尺度来衡量自己，而是想象或假定自己应该达到某种标准或尺度。如："我应该如此这般""我应该像这种人一样"等。这种想法只会滋生更多的烦恼和挫折，使自己更加抑郁和自责。

实际上，你自己就是你自己，不必"像"别人，更没有别人要使你"像"。因此，要想不被周围的环境所俘虏，走出自卑，就需要敢于面对挑战，并迎接它、战胜它、超越它。补偿

心理学就是自卑心理学的最好说明。

所谓补偿心理学，指的是一种心理适应机制（机能）。在适应社会的过程中，个体总有一些偏差。为了克服这些偏差，于是从心理方面寻找出路，力求得到补偿。自卑感愈强的人，寻求补偿的愿望往往也就愈大。

从心理学上看，这种补偿其实就是一种"移位"（变位），人们为克服自己心理上的缺陷或心理学上的自卑感（劣等感），而发展自己其他方面的特征、长处、优势，赶上或超过他人的一种心理适应机制。

事实上，很多人因为自卑感最终走向了成功，因为他们把自卑当成了一种动力，变成了他们超越自我的"涡轮增压"。如果从这个意义上讲，那么"生理缺陷"愈大的人，他们的自卑感受也愈强——而成就大业的本钱就愈多，成功的机会也就越多。

最受美国人敬仰和爱戴的总统之一 —— 林肯，补偿自己不足的方法就是教育及自我教育。他拼命自修以克服早期的知识贫乏和孤陋寡闻，他在烛光、灯光、月光下读书，尽管眼眶越陷越深，但知识的营养却对自身的缺乏做了全面补偿，最后他成了有杰出贡献的美国总统。贝多芬从小听觉有缺陷，耳朵

全聋后，还克服自卑实际情况谱出了优美的《第九交响曲》。

在这个世界上，几乎没有人不知道球王贝利，但如果说这位大名鼎鼎的超级球王曾经是一个自卑的胆小鬼，许多人肯定会觉得不可思议。

在贝利还是青年的时候，那时的他生活得并不潇洒，当他得知自己已入选巴西最有名气的桑托斯足球队时，竟然紧张得一夜未眠。他翻来覆去地想："那些著名球星会笑话我吗？万一发生那样的尴尬局面，我还有脸回来见家人和朋友吗？"他甚至还无端猜测："即使那些大球星愿意与我踢球，也不过是想用他们绝妙的球技来反衬我的笨拙和愚昧。如果他们在球场上把我当作戏弄的对象，然后把我当白痴似的打发回家，我该怎么办？怎么办？"

面对各种怀疑和恐惧，贝利寝食不安，因为他缺乏自信，他没有勇气和信心去面对即将到来的一切。虽然自己是同龄人中的佼佼者，但忧虑和自卑却使他情愿沉寂于希望，也不敢迈进渴求已久的现实。

贝利终于身不由己地来到桑托斯球队，那种紧张和恐惧的心理，简直无法形容。"正式练球开始了，我已经吓得几乎瘫

软。"他就是这样走进一支著名球队的。原来以为刚进球队只是练练盘球，传球什么的，然后便是当板凳队员。哪知第一次教练就让他上场，还让他当主力中锋。紧张的贝利半天没回过神来，双腿像长在别人身上似的，每次球滚到他身边，他都好像是看见别人的拳头向他击来。在这样的情况下，他几乎是被硬逼着上场的，而当他迈开双腿不顾一切地在场上奔跑时，他便渐渐地忘了自己是在跟谁踢球，甚至连自己的存在也忘了，只是习惯性地接球和传球。在快要结束训练时，他已经忘记了桑托斯球队，而认为又是在故乡的球场上练球……

那些使他深感畏惧的足球明星们，其实并没有一个轻视他，而且对他相当友善。如果贝利的自信稍微强烈一些，也不至于有那么多的精神煎熬。问题是贝利从小就太自尊，自视太高，以致难以满足。他之所以会产生紧张和自卑，完全是因为把自己看得太重。一心只考虑别人将如何看待自己，而且还以极苛刻的标准来衡量自己。这又怎能不导致怯懦和自卑呢？极度的压制会淹没本身具有的活力和天赋。

但是，命运偏偏就是如此有意思，后来，贝利在世界足坛上叱咤风云，称雄多年，以锐不可当的勇气踢进一千多个球，他再也不是一个优柔寡断、心理素质非常脆弱的自卑者了。

贝利的成功，就在于他能通过忘掉自我、专注于足球，保持一种泰然自若的心态，正是贝利克服紧张情绪，战胜心理脆弱的法宝。

学会自我补偿，自卑的阴影就不会再将你纠缠。每个人的天赋不同，处境不同，面临的机遇不同，成功的程度和方向也不同。用自己的本色和真实的感情来创造前程，这就是一个人的成就。所谓成就，无非是扬长避短、尽力而为的结果。即使没有成就，没有建树，只要你充分发挥了生命的能量，就享受了成功的人生。不要怀疑自己的能力，不迷信他人，这是才能得以发挥的心理基础。

另外，在自我补偿的过程中，我们还须正确面对失败。人的发展离不开失败与成功。由于失败对人是一种"负性刺激"，总会使人产生不愉快、沮丧、自卑。那么，一个人一旦面对失败，该如何自我解脱呢？

拿破仑·希尔认为，关键是要用理想的态度：做到大志不改，不因挫折而放弃追求；注意调整、降低原来不合实际的"目标值"，及时改变策略，再做尝试；用"局部成功"

　　来激励自己；采用自我心理调适法，即采取一点儿"自我调适""自嘲"之类的精神胜利法。

　　做到以上几点，我们在心理上已获得成功了。

坚持自我本色

　　从某种意义上来说，人生是一个创造的过程，也就是一个创造自我的过程。因为人非草木，人具有一定的能动性。所以，你一定要采取积极的态度，积极地行动，按照自己希望的那样来塑造自我，使你成为自己希望成为的那种人。

　　人生最大的悲剧莫过于虽然你拥有了一个完全属于你的生命，但你却不敢把真实的自己完全表现出来，并因此而深深地痛苦着。

　　伊笛丝·阿雷德太太曾是敏感而腼腆的人。

　　她曾在信上说，"我的身体一直太胖，而我的一张脸使我

看起来比实际上还胖得多。我有一个很古板的母亲，她认为把衣服弄得漂亮是一件很愚蠢的事情。她总是对我说：'宽衣好穿，窄衣易破。'而她总照这句话来帮我穿衣服。所以我从来不和其他的孩子一起做室外活动，甚至不上体育课。我非常害羞，觉得我跟其他的人都'不一样'，完全不讨人喜欢。"

一个人最糟的事是不能成为自己，并且在身体与心灵中保持自我。安吉德·帕屈在幼儿教育方面，曾写过13本书和数以千计的文章，他说："没有比那些想做与自己的本色不符的事情的人更痛苦的了。"这种希望能做跟自己不符的人的想法，在好莱坞特别流行。

山姆·伍德是好莱坞最知名的导演之一，他在启发一些年轻的演员时，所碰到的最头疼的问题就是要拼命让他们保持自我。他们都想做第二个英格丽·褒曼，或者是第三个克拉克·盖博。山姆·伍德说："最安全的做法就是要尽快放弃那些装腔作势的人。"

有人向一家石油公司的人事处主任保罗·包延登请教，来求职的人常犯的最大错误是什么。保罗回答说："来求职的人所犯的最大错误就是不懂得保持自我，他们不以真面目示人。"

阿雷德长大之后，嫁给一个比她年长好几岁的男人，可是她并没有改变。她丈夫一家人都很好，对生活也充满了自信。可以说，他们就是阿雷德希望是而不是的那种人。然而，尽管阿雷德尽最大的努力要像他们一样，可她就是办不到。

他们一家为了使阿雷德开朗，用心地做每一件事情，可是这一切，都只能令她更退缩到自己的壳里去。阿雷德变得紧张不安，躲开了所有的朋友，情形坏到甚至怕听到门铃响。阿雷德知道自己是一个失败者，又怕自己的丈夫会发现这一点。

所以，每次他们出现在公共场合的时候，她都假装很开心，结果常常做得太过。阿雷德知道做得太过分，事后她会为这个而难过好几天。最后，她因为不开心，觉得自己没有活下去的道理了，于是，她想到了自杀。

是什么改变了这个不快乐的女人的生活？只是一句随口说出的话。

"随口说的一句话，"阿雷德太太在信中这样写道，"有一天，我的婆婆正在谈她怎么教养她的几个孩子，她说：'不管事情怎么样，我总会要求他们保持本色。'……'保持本

色’……就是这句话！在那一刹那之间，我才发现我之所以那么苦恼，就是因为我一直在模仿别人，我一直在试着让自己适合于一个并不适合我的模式。”

"在一夜之间我整个改变了。我不再模仿别人，我开始保持本色。我试着研究我自己的个性，试着找出我究竟是怎样的人，我研究我的优点，尽我所能去学色彩和服饰上的问题，尽量照能够适合我的方式去穿衣服。我主动地去交朋友，我参加了一个社团组织——起先是一个很小的社团——他们让我参加活动，使我吓坏了。可是我每一次发言，就增加了一点儿勇气。这事花了很长的一段时间，可是今天我所有的快乐，却是我从来没有想到可能得到的。在教育我自己的孩子时，我也总是把我从痛苦的经验中所学到的结果教给他们：不管事情怎么样，总要保持本色。"

其实，我们本身就很优秀，我们从来就是与众不同的。那么，我们还有什么理由不坚持自我呢？还有什么理由去羡慕别人而作践自己呢？

我们要知道，保持自我的廉洁，像历史一样的古老，也像人生一样的普遍。不愿意保持自我，也是很多精神和心理问题

的潜在原因。

　　所以，渴望心境安宁的人们，请保持自我，如果你这样做了，无论你在哪个领域，你都会无往而不胜的。发现自我，保持自我本色，保持一种泰然自若的心态，正是一个成功者克服紧张情绪，战胜心理脆弱的法宝。

看得起自己

所谓接受真实的自我，就是要接受我们的一切，包括缺陷、过失、短处、毛病以及我们的优势与长处。当然，我们必须明白，我们的这些弱点和缺陷是属于自己，但并不等于自己。有了缺点，并且知道自己的缺点，会使我们改正缺点的努力更具有针对性，也使我们自我进步的努力更有意义。

卡文·柯立芝总统曾邀请他家乡的好友到白宫共进晚餐。这些客人怕自己的餐桌礼仪不佳，于是决定事事都学柯立芝。

当咖啡送来时，总统把咖啡倒在咖啡碟里，客人也这么做。柯立芝又加了糖和奶精，客人们如法炮制。然后，柯立芝

弯腰，把他的碟子放在地板上的猫面前。客人们相视无言。

　　当然，我相信在生活中不少人都曾有过这样类似的经历。因为怀疑自己而盲目地模仿他人。我们总是无数次在心里想，为什么我不像他一样英俊？为什么我不能像那个女孩一样漂亮？为什么我不像那个成功人士那样优秀？

　　其实，你不必老想和别人一样，就做你自己！只要你能扮演好自己的角色，这才是最重要的，别忘了，每个人都是完整而独立的个体，各人都有特别的优点，要是能按照这些特点尽情发挥，一定成就非凡。硬要舍弃自有的天赋去学别人，就算学得惟妙惟肖，那又怎样呢？充其量也只不过是个二流的别人而已。

　　看看演艺圈吧！"超级模仿秀"遍地开花，可是到最后有几个人能真正成功呢？世界各地模仿猫王的人成千上万，哪一个真正大红大紫？别人也只当他们是猫王的替身而已，他们都成了一群没名字的人，不管是出现或消失，又有谁在意？

　　当然，对那些有特别能力及才能的人，他们在赞赏之余，继而向他们学习，这并没有错，反而可以加速自己的成长，但这并不是要你任何事都要模仿对方。不要忘了，你也有你的过人之处，你也有你的特别的才能和能力，别人或许也正因此而

赞赏你，想以你为师，想模仿你呢！

每个人都是别人眼中优秀的人才。或许你觉得自己相貌不佳，或许你觉得自己资质平平，但是你总有一个闪光的地方照到了别人，成为别人羡慕的一个。其实，我们老羡慕别人的时候，别人也在羡慕我们。这就是人类学习、成长的方式。

每个人确实应该正确评估一下自己，客观地进行自我检查，评价自己的实际能力，找出自己的主观缺点和毛病。否则，自己总认为自己蛮不错，而将别人说得一塌糊涂。只有客观而公正地评价自己，才能不陷于盲目乐观和妄自尊大的境地，才能有助于发扬长处，克服短处，在为事业的奋斗过程中不断取得成果，力争成为名副其实的成功者。

爱因斯坦4岁才会说话，7岁才会认字。老师给他的评语是"反应迟钝，不合群，满脑袋不切实际的幻想。"他曾遭到退学的厄运。但是，后来他却成了一代伟大的科学家。

贝多芬的老师并不看好贝多芬，觉得他不是一个当作曲家的料。因为他技术不高明，而且宁可拉他自己作的曲子，也不肯做技巧上的改善。

达尔文当年决定放弃行医时，遭到父亲的斥责："你放着正经事不干，整天只管打猎、捉狗捉耗子，这有什么用处啊？"达尔文在自传上透露："小时候，所有的老师和长辈都认为我资质平庸，将来不会有什么作为。"可是，后来他发表了闻名世界的《进化论》。

有时候，别人看不起我们，有时候，我们自己又觉得自己很渺小，天生是个没用的人，没有任何引以为豪的禀赋和能力，甚至一度以为这一生都会永远黯淡下去。其实，这些只是我们自己偏激的见解，试想，如果我们注定一无是处的话，那么聪明的上帝为何要把我们带到这个世上来呢？上帝既然允许我们来这个繁荣的世界走一遭，那么就一定有他的道理，而我们也一定有自己存在的价值和意义。所以，我们要相信，要永远都相信自己是最棒的，无论外界给予什么样的抨击和否认，只要我们自己坚信自己的价值，我们就一定会有所成就。

荷兰画家林·布兰特的一幅油画的售价，曾超过了百万美元，对此有人问："到底是什么使他的画这么值钱？"

也许有人会这样回答："因为他是个天才啊，这种天才每几百年才会出一个。"

其实不然，众所周知，有史以来，亿万人曾经生活在这个地球上，但从没有过第二个你，你是一个独特性和唯一性的生

物，这些特性赋予了你极大的价值，你应该知道，即使林·布
兰特是天才，他也只是个人而已。他的成功，或许只是他坚持
自己的风格，他敢于展示真实的自己，或者是他的独特吸引了
人而已。

　　要知道，上帝创造了林·布兰特，也同时创造了你，在上
帝眼里，你和他一样珍贵。所以，我们一定要勇于接受真实的
自己，勇于肯定自己的价值。

摘下心灵上的面具

说到这个话题，我们难免会有些消沉。因为我们都知道，戴在脸上的面具，很容易就摘下来，可是戴在心灵上的面具却很难摘下来。在现实生活中，我们总是处在表现自己和保护自己的冲突之中。一方面，得到尊重的渴望，要求我们自我表现；另一方面，保护隐私、维护自身安全等的需要，又让我们不敢真实地展现自我。

我们总是在矛盾中制造更多的矛盾，我们也想解决这个问题，但是它需要有相适应的大的社会文化环境，也需要个人的努力，还需要我们用成功来证实自我，保持自我。

　　人，是应该独立的。独立的人都是有主见的人。有主见的人才不会人云亦云，随波逐流，才不会在关键时刻屈从于他人，迷失了自己的方向。

　　畅销书《世界上最伟大的推销员》的作者奥格·曼狄诺说："我是自然界最伟大的奇迹。自从上帝创造了天地万物以来，没有一个人和我一样，我的头脑、心灵、眼睛、耳朵、双手、头发、嘴唇都是与众不同的。言谈举止和我完全一样的人以前没有，现在没有，以后也不会有。虽然四海之内皆兄弟，然而人人各异。我是独一无二的造化。"

　　苏格拉底的学院大门旁铭刻着一句话"了解你自己"，意在提醒学子们认识一个重要的事实：你是独一无二的。这和你拥有相同生物结构的人的存在概率小于五千亿分之一——没有人与你有相同的唇印、指纹以及耳朵或脚趾的纹印。医学已经证明没有另外的什么人与你拥有相同的血液构成。

　　你是这个世界的唯一。你拥有巨大的潜能，你可以进行逻辑推理，你可以做到其他生物所不能做的一切。

　　你一定记得，在学校里每当学习一项新技能，开始你都可能会想：我能学会吗？然而，在每一次努力后你都会发现，其实你不仅能够学会，而且可能还很喜欢。一旦学会了骑自行

车，你就不会再忘记，你已经具备了这个能力。但是，当你还是个孩子时，你就不得不在一次次摔倒后学会靠自己站起来。秘密在于你的这个潜能需要唤醒。如果我们在某个领域里感到力不从心，那是因为我们给自己强加了种种限制。如果能再试一次，或许就能够成功。

那么，你还有什么理由给自己戴上一个枷锁，一个面具呢？你为什么不敢直面这个世界呢？

如果我们轻易就放弃了本来应该属于我们的东西，如果我们不去努力，不去尝试，不去争取，那么我们有可能就真的什么都得不到了。

如果我们拿着汤勺而不是水桶走向生命的喷泉，那我们就很难发掘到生命所赋予我们的力量、思想、远见、洞察力和创造力以及自身的才能和技艺，结果自然就会把我们没能发掘并加以利用的那部分从我们的身上拿走。

杰克·韦尔奇从小就口吃，他的母亲经常对他说："这算不了什么缺陷，命运在你手中。你有点儿口吃，正说明了你聪明爱动脑，想得比说得快些罢了。"母亲的话给杰克带来了极大的自信。

都说人定胜天，事实也的确如此。略带口吃的毛病并没有

阻碍杰克的发展，也没有影响他的自信。反之，杰克·韦尔奇通过自己的努力和奋斗，成了世界第一经理人、美国通用电气公司董事长。

因为这位有这样缺陷的人在商界竟取得了这么辉煌的成就，所以很多注意到他有口吃的人开始敬佩他，觉得他很了不起。美国全国广播公司新闻总裁迈克尔甚至开玩笑地说："杰克真行，我真恨不得自己也口吃！"就这样，一个被公认的缺陷却成了人们羡慕的优点。

拿破仑在儿童时代，就十分争强好胜。他虽然身材矮小，但是却时常揍比他大一岁的哥哥约瑟夫，每次打完哥哥之后，他还会先到母亲那里去告状，使约瑟夫再受母亲的一顿训斥。由于拿破仑的好斗勇猛，他父亲在他10岁时将他送到军官学校学习。拿破仑初到军校时，备受歧视，他没有别的办法对待他们，只有与他们打架。他虽身材矮小，势单力薄，却从不屈服，最后打出了同学们对他的敬畏。

1789年法国大革命爆发，拿破仑积极投入这场革命。1793年，面对保王党分子的疯狂反扑，拿破仑被派往参加围攻土伦的战役。在这当中，他巧用炮兵，身先士卒，表现出非凡的军

事才能与勇气。拿破仑由此不断受到提拔，并一再创造军事上的辉煌。他曾先后出征意大利和埃及，多次创造以少胜多的战绩。拿破仑在短短的五年内，由一个默默无闻的炮兵上尉跃升为一个率领数十万大军的将领，靠的全是自己的战功，而不是任何人的提携。

这时，那些从前嘲笑他的人，都来到了他的面前，想分享一点儿他得的奖励金；从前轻视他的都希望成为他的朋友，可以得到一些好处；从前揶揄他是一个矮小、无用、死用功的人，现在也都改为尊重他。他们都变成了他的忠心拥戴者。

所以，只要自己看好自己，不把自己禁锢在自己的心灵深处，活得真实，活出自己，我们就会活得更加精彩，更有成就感。如果我们永远活在别人的眼里，永远只为别人而存在，那么这世界上就会少了许多像杰克·韦尔奇、拿破仑那样伟大的人物。

保持自己的个性

在现实生活中，要保持自己的个性是很不容易做到的。

玫瑰园中玫瑰朵朵开放，粗看起来，都十分相像，然而仔细看来，便会发现它们朵朵都不同。甚至连属于同种的类别，开出来的花都彼此不太一样。如生长的速度，花瓣卷曲的程度，颜色的均匀与否等，只要仔细分辨，均可发现它们各有独自的风姿。

不仅自然如此，人类的情形也是如此。

一位对古代的生活及民欲极有研究的博士曾说过："没有两个人的生活遭遇是完全相同的……每个人都有他与众不同的

生活遭遇。"所以，每个人都是独一无二的，无论你如何感觉自己淹没于芸芸众生中，你都应该相信会有那样一条独特的道路只属于你一个人，只为你一个人而存在。

伟大的剧作家莎士比亚曾说："你是独一无二的。"

这是对人类个性的最高赞美。人都是独一无二的。而使我们独一无二的，是我们通过思想意识的作用，在自己内部带来变化的能力。我们对自己的认识、对自己的定位以及我们将要实现的目标决定着我们在这个世界上的独特位置，决定着我们潜能的发挥程度。

在这个世界上，也许我有些地方与别人相似，但我仍是无人能取代的，我的一言一行都有我自己的个性，因为这是我自己的选择，我要用自己的方式活着。我有自己的幻想、美梦、希望以及恐惧。成功胜利由我自己创造，失败挫折由我自己承担。

我是自己的主人——我的身体，从头到脚；我的脑子，包括情绪思想；我的眼睛，包括看到的一切事物；我的感觉，不管是兴奋快乐，还是失望悲伤；我所说的一字一句，不管是说对说错，中听还是逆耳；我的声音，不管是轻柔还是低沉；以及我的所作所为，不管是值得称赞还是有待改善。

我是自己的主宰，我能深刻了解自己。由于我认识自己，

　　所以我能喜欢自己，接纳自己的一切，进而将自己最好的一面呈现出来，让别人也为我感到骄傲。

　　然而，人多少会对自己产生疑惑，内心总有一块连自己也无法理解的角落；但只要我多支持和关爱自己，我必定能鼓起勇气和希望，为心中的疑问找到解答，并更进一步地了解自己。

　　我必须接受自己的所见所闻，一言一行，所思所想，因为这是我自己真实的感受。之后我可以回头检视这些发自内心的行为，若有不适宜之处，便加以纠正；若有可取之处，则应继续保持。

　　我身心健全，能自食其力。我愿意发挥自身潜能，并关怀他人，为创造一个更美好的世界贡献一切力量。

　　爱默生在他的短文《自我信赖》中说过："一个人总有一天会明白，嫉妒是无用的，而模仿他人无异于自杀。因为不论好坏，人只有自己才能帮助自己，只有耕种自己的田地，才能收获自家的玉米。上天赋予你的能力是独一无二的，只有当你自己努力尝试和运用时，才知道这份能力到底是什么。"

　　诗人道格拉斯·马洛奇说道：

　　如果你不能成为山巅上一棵挺拔的松树，

　　就做一棵山谷中的灌木吧！

但要做一棵溪边最好的灌木；

如果你不能成为一棵参天大树，

那就做一片灌木丛吧！

如果你不能成为一丛灌木，

不妨就做一棵小草，给道路带来一点儿生气！

你如果做不了麋鹿，

就做一条小鱼也不错！

但要是湖中最活泼的一条！

我们不能都做船长，总得有人当船员，

不过每人都得各司其职。

不管是大事还是小事，

我们总得完成分内的工作。

做不了大路，何不做条羊肠小道，

不能成为太阳，又何不当一颗星星；

成败不在于大小——只在于你是否已竭尽所能。

因此，坚持你的个性，挥洒你的独特，坚持做你自己，做这个世界的唯一，你就是你，无可替代。

第三章

打开心灵的枷锁

心境是生命的主人

　　我记得一位心理学家曾经说过："你的心境就是你生命的主人，要么你去驾驭它，要么就是它驾驭你。"

　　但是，在实际生活和工作中，令人不可思议的是，你的心境会决定谁是真正的主人，正是由于心境不同，从而也就有了不同的心情。很多时候，愉悦的心境都是比较短暂的，而我们最需要的就是保持这种愉悦，从而达到一种自我的宁静状态。宁静的心境是在长期不断地解脱忧虑、驱除烦恼、平息怒气，由心理失衡到心理平衡的过程中逐渐形成的。

　　宁静的心境是非常难得的，而且它对人的身心健康也有

很大的好处。一般来说，它使人们遇事能够放开视野，纵横思考，运用自如地驾驭，把握自己的情绪，不管碰到什么不愉快，尽可能从中寻出合理的一面，从而获得新的宁静。

心境宁静者，必定常常为受窘的人说一句解围的话，为沮丧的人说一句鼓励的话，为疑惑的人说一句提醒的话，为自卑的人说一句自豪的话，为痛苦的人说一句安慰的话。助人为乐，自寻开心就能拥有美好的心境。可见，拥有一个好的心境是何其幸福而美好。

那么，我们怎样才能使自己拥有一份好的心境呢？

最简单的方法就是不要给自己的心境设限，如果你给自己的心境设限，就有可能带来非常严重的危害。如果你不信的话，我们不妨来看一看心理学实验，看见你就知道后果是多么不堪设想了。

一位科学家曾经做过这样一个有趣的实验：他们把跳蚤放在桌上，一拍桌子，跳蚤迅即跳起，跳起高度均在其身高的100倍以上，堪称世界上跳得最高的动物！

然后在跳蚤头上罩一个玻璃罩，再让它跳；这一次跳蚤碰到了玻璃罩。连续多次后，跳蚤改变了起跳高度来适应环境，每次跳跃总保持在罩顶以下高度。

　　接下来逐渐改变玻璃罩的高度，跳蚤都在碰壁后主动改变自己的高度。最后，玻璃罩接近桌面，这时跳蚤已无法再跳了。科学家于是把玻璃罩打开，再拍桌子，跳蚤仍然不会跳，变成"爬蚤"了。

　　跳蚤变成"爬蚤"，并非它已丧失了跳跃的能力，而是由于一次次受挫折学乖了，习惯了，麻木了。

　　最可悲的是，最后玻璃罩已经不存在，而跳蚤却连"再试一次"的勇气都没有了。因为在跳蚤的潜意识里已经有了玻璃罩的存在，最重要的是它已经罩在了跳蚤的心灵上。当跳蚤行动的欲望和潜能被自己扼杀，它就只能以失败收场！科学家把这个现象叫作"自我设限"。而这种现象在人的身上也普遍存在。

　　在我们每个人的生命中，都会面临许多害怕做不到的时刻，因而画地为牢，自我设限，使无限的潜能只化为有限的成就。如果你一直都认为你现在的一切都是命中注定的，现实的一切不可超越，那么你就是大错特错了。我不管你持有此观点的时间多长，你都是错的。因为一切都可以通过你改变自己的态度和习惯，来得到巨大的改变。

　　许多人其实应获得更大的成功，但是他们没有，因为他们

给自己的施展空间太小了。所以，他们只能被动地在生活中失去很多成功的机会，从而使自己的内心世界变得越来越灰暗。于是，他们开始安于现状，开始埋怨生活，他们会觉得自己的生活始终是一团糟。

　　久而久之，他们常常在自己生活周围筑起界限，要么就生活在别人强加给他们的局限里。这些局限有些是家人朋友强加的，有些是自己强加的。很多人给自己套上限制，认为在一生中不会超过父母，认为自己反应迟钝，认为缺乏别人拥有的潜能和精力，那么无疑就会离实现目标的终点越来越远。

　　有个农夫开了一个展览会，就是展出一个南瓜，这个南瓜最大的特点就是形状像一个水瓶。参观的人见了都啧啧称奇，争相追问农夫是用什么方法种的。

　　农夫解释说："当南瓜拇指般大小时，我便用水瓶罩着它，一旦它把瓶口的空间占满，便停止生长了。等到南瓜成熟了，我把瓶子砸碎，把南瓜取出来，它就成了这个样子。"

　　人生也是这样，自我设限，你就会按照自己限定的那个方向去发展。当你把自己关在心中的樊笼时，就像水瓶罩住的南瓜一样，等于是放弃给自己成长的机会，成长当然有限。到最后，你都不知道自己到底有多大的能量。就像那个南瓜一样，

也许它可以长得像西瓜那样大，甚至更大，但是因为有了一个瓶子罩着它，所以它无法看到最真实的自己。

所以，心理学家奉劝我们："当你的人生遇到困境，停滞不前的时候，你一定要问问自己：是什么问题使你退缩不前？是什么因素影响了你的成长速度？是什么使你停止或不敢去做可能真正重要的大事？是什么因素使你的目标不能实现，使你的理想化为泡影？"

这是你将在实现个人成长的道路上需要提出并回答的一些重要问题。不管你现在的生活如何，不管你将面对的生活怎样，不管你做什么样的工作，总是有决定你做多快或多好的限制因素。如果你想使自己获得一个明亮的心境，你就要研究这些问题，确认里面的限制因素。随后，你必须集中你的所有精力来减轻这些限制你成长的阻力。

在我们的生活中，我们都会发现，在几乎每一项任务中，不管任务大小，一个因素决定你实现目标或完成工作的速度。它是什么呢？要把你的精力集中在那个关键的领域。这可能是你的时间和才智的最重要用途。

这个因素可能是你需要其帮助或决定的一个人，可能是一种你需要的资源，在有关机构的某个部门的弱点或者其他事

情。但是，限制因素总是存在，找到这个因素是你的工作。

在你的个人生活中，你必须尽快找到那个决定你能否迅速实现个人目标的自身限制因素或限制技能。其实这也是很多成功人士最纠结的一个问题。当他们的脑海中浮现出这个问题的那一刻，他们就开始对各种限制因素进行分析："我本人有什么问题对我构成障碍？"最终，他们只能承担全部责任，从自己身上寻找问题的原因和解决办法。

在我们遇到问题的时候，应该不断地问自己："什么因素决定我实现想要实现的结果的速度？"

限制因素的定义决定你用来减轻限制的战略。如果你不能找出正确的限制因素，或者找出错误的限制因素，就可能使你误入歧途。你最终可能解决了不想解决的问题。

有一家大型公司，在市场环境很好的情况下，却出现了销售额下滑的情况。公司领导一头雾水，他们分析后得出结论：主要限制因素是销售力量和销售管理部门。于是，他们花费大量资金对销售管理部门进行改组，对销售人员重新培训。但是后来他们发现，问题的根本原因并不在于销售部门，而是因为一位会计所犯的错误，他无意中把公司的产品价格与市场竞争对手相比定得过高。随后，该公司对价格进行了调整，销售额立即回升，又恢复了盈利的状态。

由此可见，在每一个限制因素或制约点的背后，一旦找到并且成功地减轻，你就会发现另一个限制因素。不管是早晨准时上班，还是事业上的成功，总是有一些限制因素和瓶颈决定你的进展速度。你的工作是找出这些因素，集中精力尽快解决。

改变心境，改变自己，需要持之以恒，你可以从每天一开始，就为自己消除一个重要瓶颈或限制因素，这会使你精力充沛、力量无穷。它促使你善始善终地完成工作，而且还能拥有一份比较美好的心情。

大千世界，纷纷扰扰。其实，我们只要生活在世上，就会受到各种因素的限制，就会受到外界的影响和暗示。这就好比我们在公共汽车上一样，如果一个人张嘴打了个哈欠，他周围的人也会跟着打起哈欠来。而之所以有些人不打哈欠，是因为他们受暗示性不强。

所谓的认识自己，在心理学上叫作自我知觉，是个人了解自己的过程。在这个过程中，人更容易受到来自外界信息的暗示，从而出现自我知觉的偏差。所以，我们为了不受别人的影响，就要正确地认识自我，尽可能地为自己创造适合自己的生存条件，给自己的心境找一个舒适温暖的家。

不要让心灵受制约

在我的印象中，我一直都觉得我们的生活和人生，没有最好，只有更好。仔细想想，从人生的成长过程来看，也的确如此。人生只有"更"，没有"最"，我们只能努力去追求自己认为的完美。

人的一生要努力完成各种心愿，自己的、父母的、情人的、朋友的、上司的、同事的……完成他们的心愿与自己的心愿构成了人生的道路。

我们要活着，要工作，就不得不面对很多的无奈、信与不信？信为示弱，不信自欺。比如爱情，爱情的起因有三种，一

是物质基础；二是精神基础；三是性关系。这三种具备其一，就可产生爱情。物质生活的作用使你有了保障；精神生活的作用使你有了依托；性生活的作用使你有了快乐。同样，当三种有一种严重缺失，那么爱情也将丧失。以上道理在婚姻家庭上也是如此。

但是，婚姻与爱情毕竟不完全相同。当没有金钱为基础时，婚姻会很快出现危机乃至消亡，而爱情可能还会延续一段，但是将出现裂痕、出现不和谐，如果不能改观，终将消亡。这从哲学上、从现实基础上，均能找到它的客观依据。人无须自欺欺人，必须客观地面对现实。这是人生的无奈。

每一个正常的人，分析起来，共有三个"我"。

第一个是"动物的我"。

现代的科学告诉我们，我们来到这个世界上，并不是超脱一个自我的人，我们的心境并不是清澈透明的，而是一片混沌的，也是从一个自私自利的寄生小动物进化而来的。虽然经过环境的自然进化，我们已经脱离了猿猴的样子，但动物的本性却还未完全消失。

"动物的我"需要达到两个目的：一个是保存自己，另一个保存种族。为了保存自己，所以他要吃，为了保存种族，所

以他要性爱。又为了必须要达到这目的，"动物的我"至今还遗传着丛林生活的规律，就是尚令其独存，它会打，会爬，会残害，会杀伤。

第二个是"社会的我"。

如果"动物的我"会独存，人类的生存就不可能如此持久，人类可能早就销声匿迹了，因为他们在独存的时候，要互相破坏，互相残杀。所以，不能合群，只能组织社会，"驯化动物的我"，这样才能方便人类有秩序地生活，继而持续不绝地存在。

"动物的我"是不知有慈悲、爱情和合作的，所以我们在儿童时期所受的教育，就是驯化我们的"动物的我"，使我们知道要有慈悲、爱情和合作，而"社会的我"，就是这种驯化的最终产物。

第三个是"个人的我"。

我们一定要知道，个人的我是心灵世界的产物，因为我们每一个人所得到的社会经验是各不相同的，所以，关于安全和快乐的观念，也各有自己的特性，而每个人的品性和人格，就是发展每个人的安全和快乐的工具，就会形成每个人独特的思想。

有一条规律是这样说的——人的形态表现思想。只要你有意

识地循着这一方向前进，你就会演变出成功的信念，这种信念将使你攻无不克，战无不胜。此外，这种信念还将给你带来自信，使你内心充满毅力和勇气，使你的心境透澈明亮，对自己取得的成功踌躇满志；你将会产生一种集中意念的力量，它能帮你排除一切杂念，把思想集中在与目标相联系的一切事物上。

如果你知道如何成为一个非凡的思想者，就等于你已经拥有了金字塔尖上令人景仰的地位，你也就成了人群中的创意领袖。因为无边无际的思考能力意味着无穷无尽的实践能力，这种能力足以让你创造出一切你渴望拥有的外部环境，足以让你拥有一切。

其实，人类在本性上是群居的动物。这也是"动物的我"会先出现的原因。

从一般意义上看，每一个社会成员，都有着强烈的合群需要，所以，他就必须融入"社会的我"之中来，使个体在心理上产生一种归属感和安全感，这样也有助于形成个体的良好心境，维持机体平衡，保持身心健康。

生活中，那些善于融入社会中的人，他们的精神生活是非常多彩的，他们的身心也是健康的。反之，那些孤僻、不合群的人，往往有更多的烦恼和难以排遣的忧愁，因而会有更多的

身心健康的问题。如果长期无法满足交往的需要，就只能由于孤独、寂寞，导致精神失常。

另外，从个体健康发展的角度看，一个人能够融入社会中，会使他的人际交往变得丰富起来，因为在个体的社会化过程中，交往发挥着不可缺少的作用。

为什么世界上有很多的动物都无法战胜人类，而为世界的主宰呢？因为这些猛兽总是独来独往，它们习惯了我行我素，没有合作意识，而人类很早就学会了合作，并以此在世界上立足。

人类进步于动物的另一方面在于，人类逐渐又学会了交换（这是任何其他动物都不具备的行为），使人类在区区数千年的时间里就统治了地球。而上一位地球的霸主——恐龙，用了好几百年的时间才完成这个任务。

随着人类进入了"社会的我"，于是他们在通往成功的路上，就会抱着顽强的态度与执着的精神来征服一切，于是他们就有了"个人的我"。但是，个人的力量毕竟是有限的，于是他们就必须借助群体的力量，才能使自己迅速走向成功。

但即使在这样的环境下，能够真正走向成功的人并不多，因为大多数的人不曾完全驯化，所以不能合作，要吃要恋爱的时候，也不愿意遵照人类社会的道德标准去做，于是便犯着各

种罪恶。所以，罪是人内心的矛盾——"动物的我"和"社会的我"二者之间的矛盾，而犯罪的发生，就是"动物的我"占了上风而已。

有些人已经把"动物的我"驯化得很好，决不会支配他的人格了，他能严格地依照宗教和道德的规章做人，但是在他们的内心，也常常会感到极大的矛盾和苦闷。因为他们虽想使他们的动物性生存，但受惯了严格的训练，怕有后累，以致他们在生活上是完全不合宜的。结果，就好遁迹空间。

政治学家马基雅维利曾有过这样的比喻："在严格的军事意义下，建筑堡垒是一项错误；堡垒会变成力量孤立的象征，成为敌人攻击的目标。原始设计用以防卫的堡垒，事实上截断了支援，也失去了回旋的余地。堡垒可能固若金汤，然而，一旦将自己关在里面，人们都知道你的下落，你就会成为众矢之的。围城不见得要成功地攻破，围困就足以将敌人的堡垒变成监牢。由于空间狭小而隔绝，堡垒更容易受到瘟疫和传染病的侵袭。在战略意义上，孤立的堡垒不但没有防卫功能，事实上，制造出的困难胜过了它能解决的问题。"

但是，人的思想在长期的离群索居的状态下，有可能会偏离正常状态。虽然有一些自命不凡的人或许可以通过沉思默

想，企图掌控大局，但是他们却无法意识到自己的局限，也许他们在不知不觉中，已经把自己深深地陷入了与世隔绝的境地。而且孤立的状态一旦形成就很难改变。即使想回到人群中去也是非常困难的，因为已经推动了许多交流的机会。

在心理学上，有这样一个著名的实验：

被试者戴上眼罩，穿上特制的衣服，单独进入到一个完全隔音的实验舱里，安静地躺在一张舒适的床上，室内非常安静，听不到一点儿声音；一片漆黑，看不见任何东西；两只手戴上手套，并用纸卡卡住。饮食事先安排好了，用不着移动手脚。总之，人感受不到来自外界的任何刺激。从实验室的观察窗可以看到，实验开始的时候，被试者还能安静地熟睡。稍后，被试者开始失眠，变得焦躁不安。被试者坚持的时间一般是2-3天，结束实验时，会出现幻觉和轻微的精神官能症。而且被试者坚持的时间越长症状越明显。

这个实验告诉我们：人的正常生存需要来自外界的刺激，这是十分重要的，人不能离开感觉，也不能离开群体。在原始社会，对部落中的罪犯最大的惩罚就是所有人都不理睬他。同样，在现代监狱制度中，有过失的犯人都会单独囚禁作为惩罚。

　　但是，因为有一些人，他们的"个人的我"不能和现实调和，内心也充满着矛盾的苦闷。譬如，有个年轻的男人，他认为自己是一个彻头彻尾的大坏蛋，为了补救这缺点，他决心要做一个圣人。他给自己定下做圣人的标准，非但和他"动物的我"不和，而且他的"社会的我"也是相矛盾的。于是，在他的内心就产生了食色的欲望和做圣人的需要的决斗，因为他终究是一个人，不是一个天使。

　　综上所述，一个真正快乐的人，都是由上述的三个达成一个共同本我的人。这样的男女，不否认自己有某种动物的特性，他需要吃，需要配偶，但同时也必须改变原始性的需要，以此来与人群社会的道德标准相吻合，不盗窃别人的食物和妻室，只有这样，社会才会满意和赞许他，他才会因为做到了这一点，而感到自我中的本我的存在。

不要怀疑心境的能力

在人类的行为中，有一条基本的原则："尊重他人，满足对方的自我成就感。"如果你遵循它，就会为自己带来快乐；而如果你违反了它，就会陷入无止境的挫折中。

正如杜威教授曾说的："人们最迫切的愿望，就是希望自己能受到别人的重视。"而人类创造了文明也是源于这股力量的促使。

如果你希望别人喜欢你，就要抓住其中的诀窍——了解对方的兴趣，针对他所喜欢的话题与他聊天。你希望周围的人喜欢你，你希望别人可以采纳你的观点，你渴望听到真正的赞美，你

希望别人重视你……然而，己所不欲，勿施于人；己所欲者，亦施于人。得到和施与都是相互的。所以，让我们自己先来遵守这条法则：你希望别人怎么待你，你就要先怎么对待别人。

但是，每个人的自我内心又是矛盾的，我们的心境又是游移不定的。在我们自己看来，各个我之间所产生的矛盾——不单是表现到矛盾为止，它还会变成情感过激的病象。

譬如，有一个年轻的女人，她有一种强烈地扩张并保持自己势力的本性，这一部分也就是"动物的我"的一部分。她虽已经驯化得很好，知道必不可盗窃，盗窃是违反"社会的我"的罪恶，但是因为她被她的欲望所支配，所以她要取得别人的东西，虽不盗窃，却用一种侵略的手段，借此以显得自己更有权力。

我们知道，一切有生命的物种都有自己的生长过程，并且总是自觉不自觉地努力着以实现这一过程。因而找到一种方法，使那些给我们带来不利效应的思维习惯被有建设性的思维习惯所取代，就显得尤为重要。人人都可以任自己的思想天马行空，到任何一个想到的地方去，自由驰骋。但要记住，一切想法产生的结果都要遵从这样一条不变的定律：所有持久的想法最终都会在个人的性格、健康和外部环境中产生相应的结果。

　　有一位即将毕业的大学生，曾经跟他的导师说："在市场经济的大环境中，我们要面对的是一个以学历取胜的社会，可我们总觉得自己读的大学并不是那么好，所以，我们的命运就注定了什么样的结局。"

　　这个大学生说出了很多人的心声，因为在他们的心中已经有了一种叫先入为主的观念。为此，这位学生万分感慨地问道："我常常为此感到愤愤不平，但是，我又觉得这实在是件无可奈何的事。作为我人生之中的心灵导师，您对此有什么看法呢？"

　　他的老师回答道："一个人的行为是受他内心的意识所引导的，如果你真的相信自己这样的话，你很可能就会变成那样。你如果认为自己只不过是一个三流大学的毕业生，你就要一辈子过着三流的人生。相反，如果你心中认为我虽然只是一个三流大学毕业的学生，可是我才不甘愿成为一个三流的人，更不愿意一辈子过着三流的生活。果真能这么想，你就可以过着一流的生活了。凡是成功者都有这样一种心境——他们从来不怀疑自己的心境能力。"

这位学生斜歪着脑袋，懵懂的样子，显然是不太理解导师所说的话，他的导师也仿佛看到他的脸上写着："真的是这样吗？您的想法未免太天真了吧！"

　　于是，为了解开他心中的疑惑，导师接着说："社会并不是如想象中的那么简单。不见得一流大学的第一名毕业生，就一定会有美好的前景。在人生旅途上，也绝不会有最捷径的成功方法让你走向成功的巅峰；同样反过来说，也不会有最佳捷径存在。每个人都应培养一种有助于使自己心灵净化的因素存在。在我们的脑系中，有些想法颇具有价值。它们与'无限'的步调一致，能够生长、发展，结出丰硕的果实。对这样的想法，我们要做的是，保留它，珍惜它。如果你的想法是批评性的或破坏性的，无论如何都只能给你带来混乱与不和谐。这是想法中的毒瘤，我们对它一定不要心慈手软，要毫不犹豫剔去。这正如乔治·马修·亚当斯所说：'学会关上你的大门，不要让那些不能给你的未来带来明显益处的东西进入你的心灵、你的工作、你的世界。'"

　　虽然这位学生已经明白了导师的意思，但他还不是非常

的心悦诚服，他说："我常常听到人家都这么劝我、勉励我。可是，我觉得这些都是十分例外的例子。像日本前首相田中角荣，他不是大学毕业，可是仍然当上了首相，甚至还称为庶民首相。可是，从您的表述中可以听得出，大部分的首相还是一流大学毕业的；大部分工厂的经营者，也还是一流大学毕业的。不是吗？"

导师点点头说："对，你说得没错。的确，在我们的社会上，名牌大学毕业的学生的确很受欢迎，可是你想过没有，为什么会有这样的现象？名牌大学与普通大学的差别在哪里呢？在参加大学考试时，往往只是一分之差的成绩，便被分配到二流学校的人很多，然而这并不能证明他们之间能力的差别就会很大。有一位成功的企业家曾经说过，普通大学毕业的人，是很好的管理人。言下之意，仿佛对名牌大学的毕业生，大有敬而远之之意。"

学生若有所思地说道："这点我知道，一流大学的毕业生很早就在无意中研究过思考的方法，他们都拥有'天真的想法'，认为'自己是一流大学毕业的，所以将来一定会有光辉

的前途。'正因为有这种意识的存在，反而可以使自己成为真正活跃的、有能力的人。但是还有一点令我百思不得其解，那就是他们用的是什么样的思考方法？"

导师说："他们相信自己必定会成功。也就是说即使没有学历的人，只要学会了这种思考的方法，也可以得到同样的结果。这就是一流大学毕业的人在社会上如此活跃的原因。其实，这种思想方法归结起来就是一句话：需要我们建立起一种自信心。"

由此可见，如果我们的内心世界是透明的，那么，我们的个人世界就是光明的，我们也会构造出一个真正的本我。

人生没有完美

我相信很多人都会唱《爱拼才会赢》这首歌，我也更相信，人生，三分天注定，七分靠打拼，也就是说，一个人成功与否掌握在自己手中。我们的成功可以有很多因素促成，比如思想，这就是我们成功的武器之一，它就能帮助我们摧毁自己，开创一片无限快乐、坚定与平和的新天地。

人生没有完美，但是我们可以成就自己认为的完美。要想达到这个目标，就需要我们选择正确的思想并坚持不懈。如果满脑子邪思歪念，则只能沦为禽兽之辈。在这两极中间，存在着各种各样个性的人，每个人都是自己人格的创造者与生命的

主宰。

　　然而，在我们的生活中，由于我们人本身会有一种虚伪的矛盾心理存在，从而导致我们的生活又是另外的一种情景。下面，我给大家举一个例子。

　　假如，你的"动物的我"和"社会的我"都认为你应该结婚，而以你的"个人的我"的经验，认为结婚是很大的危险，你为避免这种危险，就不结婚；但你又要为满足你的"动物的我"和"社会的我"的要求，你想出了一个巧妙的妥协办法，"你同时和两个异性恋爱起来了"。

　　这样会导致什么样的结果呢？

　　严格来说，这并不是两个之间的矛盾，而是一种精神病的布置，不但达不到妥协的目的，反而将会产生莫大的危险。

　　很久以前，有一只青蛙和一只蝎子同时来到河边，望着滚滚流水，正思索着如何渡过去。

　　蝎子说："青蛙老弟，不如你背着我，而我也可以辅助你指引方向，就可以到达对岸。"

　　青蛙说："我才不傻，背你，搞不好毒针乱刺，我随时一命呜呼。"

　　蝎子说："不会，不会，在河中如果你溺水，那我不也完

了吗？"

　　青蛙一想有道理，就背着蝎子向对岸游去。在河中央青蛙忽感身上一阵刺痛，破口大骂蝎子："你不是承诺不刺我的吗，为什么背叛诺言？"

　　蝎子脸不红气不喘而毫无悔意地说："没有办法，这是我的本性啊。"

　　由此我们可以看出，即使是小小的动物，都存在着矛盾的心理，更何况是我们人类呢？毕竟人类社会有特定的运行秩序，有固有的发展规律，谁违背了就会受到惩罚。

　　一个住在密歇根州的人，想移去一个在朋友院子里的树根。他决定使用家里存放的炸药。结果树根是除去了，但爆炸把树根变成了一颗炮弹，顺势射到163米远，最后穿过一个邻居的屋顶。树根在屋顶上造成了一个3米宽的大洞，劈开了屋顶，穿过饭厅的天花板。

　　其实，从"动物的我"和"个人的我"的角度来看，我们在生活中的举动就和那个人的一样。我们不能让自己的言行出轨，否则我们就会进入了个体矛盾的心境地带，即使我们用极端的言语及行动去解决问题，那也只能是越搞越糟，不可能达

到我们想要的目标。

　　可是在很多时候，人们通常会做一些违背自己的心理意识的事，他们认为自己已经"极为生气，无法控制自己"，他们觉得这是最佳的理由。但这又何苦呢？又能改变什么呢？

　　在《圣经》中，那些成天发牢骚的人们让摩西非掌恼火。因此，他没有照着上帝的批示，吩咐磐石出水，而是生气地击打磐石两次。他确实使磐石出水了，但却引发了一个问题——违背了上帝的意愿。因此，上帝告诉他，他不能进入应许之地。

　　违背就要受到惩罚，上帝很公平，但从我们自身的心理角度来说，我们却又感到非常委屈。

　　后来，为了证明这一生活方法是否与人类的发展相违背，一位心理学家做了这样一个跟踪调查：

　　南非的特种部队是一支战略力量，其挑选程序堪称是当今世界最为严格的。参选者必须是南非公民，必须接受过学校教育；必须至少在部队、警队服役一年，或者在预备队中待过一年；必须会说两种语言，年龄必须在18~28周岁。入选测试主要包括所有身体测试和心理测试。身体方面的测试包括：两分钟

内做完67个俯卧撑，18分钟3公里全速跑。入选后，他们还得参加一系列的海陆空训练，了解自己的任务是什么，掌握如何参加空中合作、水下作战、走过障碍物、丛林谋生、跟踪、破坏等作战战术。在心理测试方面，一切无自我控制能力的人都将被淘汰。

人生就像一场游戏，要想不提前出局，你就要遵守游戏规则。上帝的约定和特种部队的要求一样，是一种游戏规则。任何游戏都有个规则。你可以批评它、怀疑它，只要你参加这个游戏，就必须遵守这个规则。如果你敢超越这个规则，就要接受惩罚。

当然，一定会有那么一种人，他们可以宣称自己是天才，因此可以不遵守规则去参加游戏。可在我们这个社会上，在这充满现代化气息的社会上，一切的基础就是尊重规则，而不是天才至上，更不是矛盾至上。尊重规则比天才至上要重要得多。

尊重规则比爱护天才来得重要得多。但是，在我们的现实生活中，很多人都会忘了这样一种平常心理，从而才产生了矛盾，如果他们能够克服生活中的攀比心理，他们应该获得一颗平静的心。

比如，从我们上学的第一天起，老师就会问我们的理想是

什么，然后告诉我们要努力去实现自己的理想。这样就会造成一种结果，我们的眼睛往往只看到别人所拥有的，而忽略了自己原本拥有的，这就会造成一种巨大的心理落差。

当然，现实适应能力比较好的人，会不断地修正这些落差，使他们内心的矛盾得到缓解，再或者是承认这些落差是自己的能力所不能改变的，客观地认识到寸有所长，尺有所短，以至于不会使自己的心理受到更大的影响。而且这种人往往会将自己的弱势转化成优势，最后所得到的也更有成效。

但是，如果我们没有一个良好的心态，我们就会在无尽的攀比中无尽的自责中，形成巨大的心理落差，我们就会自私、嫉妒，当这一切不良心理占据了我们的内心之后，我们的生活和事业都将受到前所未有的影响，那时候的我们会深陷于一片灰暗之中无法自拔。

可以毫不夸张地说，现实生活中，我们内心所存在的矛盾心理和攀比心理的存在就像一个隐形杀手，会扼杀许多人的潜能，使我们的心灵不堪重负，变得心胸狭窄，甚至走上极端。攀比还可能造成忧郁和嫉妒，容易让人产生缺憾感，甚至觉得自己一无是处。

事物的发展都是有规律的，虽然我们常说可以打破常规，

　　但是在人生这场游戏中，有些规律是无法打破的，我们只能遵守，否则就会被淘汰出局。

　　因此，我们只有正确认识自己，正确看待自己，直面得与失，我们要知道自己想要什么，不该要什么。我们不去盲目地追求不属于自己的东西，也不要随意忽略了本属于自己的东西。是自己的就去争取，不是自己的就淡然一笑。坦荡地面对生活，让我们的心灵如水般清澈，那样的人生也是一种美。

化解人生的矛盾

在我们的生活中，人生的矛盾有很多。比如，自己的出身与父母、国家的责任之间的矛盾，"动物的我"的欲望和"社会的我"的法令之间的矛盾等，都是自相矛盾的。

人时常会觉得苦恼和不幸，就是因为患上了内心矛盾的病，因此，常常会引发一系列的疾病，比如，神经衰弱、不消化、失眠、怕见别人、怕和有权威的人交谈和意志消沉等。所以，要使自己身心快乐和健全，解决你内心的矛盾才是关键。

事实上，我们经常面对大量矛盾信息，当提及富含营养、低脂肪、无脂肪、优质脂肪、高蛋白、素食主义、无糖分、低

碳水化合物、优质碳水化合物、流质食物节食、纯素食、食物多样化、完整食物、未加工食物……可是，即使对于一个已经具备相应知识的人来说，去看那些可选择食物的清单也是劳心费神的。因为著名节目主持人约翰·斯托瑟说："即使像一天喝八杯水这种健康习惯都是没有科学依据的。"

我们越来越迷惑了，因为我们无法从实验之中获得一致的结果。一个人对于某种饮食法感觉很棒，它却使另一个人感觉疲倦。一个人吃素会感觉精力旺盛，而其他人则可能产生强烈的饥饿感并感觉能量不足。一个聪明的人在面对如此繁杂的矛盾信息时应该怎样做呢？

美国社会行为研究所做了一个"老板最不能容忍的员工行为"的调查，老板最不能容忍三种公司员工如下：

第一种：请假犹如吃饭一样平常的人。

老板允许员工请假，因为作为自然的人，谁都难免要生病，可是作为社会的人，在商业原则上来说，老板是不愿意看到员工经常请假的，这种心态是无可厚非的。任何人当了老板都不希望下属经常脱离工作岗位。

第二种：公私不分的人。

在实际生活中，很多员工容易把工作和生活混为一谈。比

如，有人在上班时间处理私人事务，老板也会感觉这样的人不够忠诚，尤其在公司更是如此。公司是讲求效益的地方，任何投入都必须紧紧围绕着产出来进行。上班时处理私人事务，无疑是在浪费公司的资源和时间。

有一位老板曾经这样评价一位当着他的面打私人电话的员工："我想，他经常这样做，否则他怎么连我都不防？也许他没有意识到这有违职业道德。"

另一位公司老板说："在办公时间，我不喜欢看到员工将报纸、杂志等与工作不相干的东西放在办公桌上，如果出现这种情况，我会认为他们不把公司的工作当回事，他们只是在混日子。"

第三种：脚踏两只船的人。

这也是最令人无法忍受的一种。一家公司的总经理说："如果我发现我的员工有兼职行为，我绝对不会重用他，甚至我会辞退他。因为我认为这是对公司和我本人的不尊重，一心不能二用是常识，公司需要绝对忠诚的员工。"

无论是工作还是生活，没有人喜欢脚踏两只船的人。所以，我们每个人都能理解老板的心情。

为此，不少公司都定下了不准员工兼职的规定，明知故犯

的员工等于是在向公司的权力和规章制度挑战，被老板发觉后必然没有好果子。老板甚至会认为兼职员工在利用公司的办公时间做自己的兼职。

在老板看来，员工兼职会损害公司的利益。某公司董事长说过："有些人可能认为兼职的人有能力，但是他们并不忠于我们。这样的员工我不会重用。更可恶的是，这些人可能会影响其他人的士气。"

工作如同婚姻。我们说，开始一段婚姻，你就要忠于这段婚姻；开始一种职业你要就忠于这个职业。专一与忠贞，在任何时候，都是一种值得坚守的品质。而三心二意、漠视忠诚的人，永远是不能令人容忍，也不值得同情的人。所以，不忠诚老板、公司的员工，其结局自然可想而知。

其实，上述问题就是员工与老板相矛盾的实例。要医治这种矛盾，最好的办法就是先完全明了矛盾发生的原因，然后从根本上着手。

在实际生活中，有许多人对于自己的矛盾是不注意的。他们以为完全是年龄的关系，只要年龄增加，内心的矛盾自然而然会消失的，这是不会有事的。要解决一个真正的心理上的矛盾问题，只有在心理上再受教育的这个方法，否则它势必会达

到精神的、神经的崩溃，到那时候，医治就更难了。须知，平常在精神卫生方面预防一分，等于将来到疗养院或疯病院里去医治的千分万分。

20世纪60年代，有一位才华横溢、曾经做过大学校长的人，此人精明能干、博学多才，并参与竞选了美国中西部某州的议会议员，似乎很有希望赢得选举的胜利。

但是，在选举的中期，关于他的一个很小的谣言散布开来：

三四年前，在该州首府举行的一次教育大会上，他跟一位年轻女老师"有那么一点儿暧昧的行为"。如此关键的时刻，出现这个不雅的传言，令他十分愤怒，他想尽一切办法为自己辩解。为了获得竞选的胜利，他无法按捺心中对这一恶毒谣言的怒火，在以后的每一次集会时，他都要站起来极力澄清事实，证明自己的清白。

其实，大部分的选民根本没有听说这个谣言，但是在他的努力澄清之下，人们逐渐知道了这件事，也越来越相信，确有其事。"解释就是掩饰，掩饰就是事实。"

于是，公众们振振有词地反问："如果他真是无辜的，他为什么要百般为自己狡辩呢？"如此火上加油，这位候选人的

情绪变得更坏，也更加气急败坏声嘶力竭地在各种场合下为自己辩解，谴责谣言的传播。

最悲哀的是，最后，他的太太也开始相信谣言，就此，夫妻之间的亲密关系被破坏殆尽。结果，那次竞选他以惨败告终，从此一蹶不振。

这就是一个人由于自我内心的矛盾所导致的悲惨结果。

相反的，如果这件事对于一个心境透彻的人来说，他会认识到，人们在生活中有时会遇到恶意的指控、陷害，更经常会遇到种种不如意。有的人会因此大动肝火，结果把事情搞得越来越糟。而有的人则能很好地控制住自己的情绪，泰然自若地面对各种指责和排斥，在生活中立于不败之地。

一位哲人说过："一个愤怒的人，浑身是毒。"

我们衷心同情那些浑身是毒的人。因为人的生命是有限的，如果我们把有限的生命的一部分、大部分，甚至是全部，都浪费在为过去愤愤不平的事上，我们是多么值得同情呢？

除了愤怒与自怜，他大可以自问为什么人家不感激他。有没有可能是因为待遇太低、工时太长，或是员工认为圣诞节奖金是他们应得的一部分。也许他自己是不知挑剔又不知感谢的人，以致别人不敢也不想去感谢他。或许大家都觉得反正大部

分利润都是缴税，不如当成奖金。

　　不过反过来说，也许的确是员工太自私、卑鄙、没有礼貌。也许是这样，也许是那样。到底如何，只有身在其中的人才知道。但是不管怎样，我倒是知道约翰逊博士说过："感恩是极有教育的产物，你不可能从一般人身上得到。"

　　总之，人世间的所有事物都会存在着矛盾。但是，只要我们能够控制自己，我们就不必在乎内心的不平衡！与其给自己寻找烦恼和痛苦，不如承认使你生存的动物本性，含着生存的社会之标准，再使个人的欲望，适应现实的环境，如此就可避免种种的矛盾，拥有幸福快乐的人生。

打开心灵的枷锁

　　我们知道，心理疾病的病因叫作"病从脑入"，是由于自己的胡思乱想造成的，因此，恢复精神心理健康，一方面必须靠自身，靠自己的醒悟和振奋；另一方面，也需要亲人的关心和社会心理支持系统的帮助。有轻生念头的人，多是因为意外的精神打击，而自己又不善于宣泄和求助，从而酿成消极抑郁的情绪，甚至罹患"抑郁性神经症"。该症状的典型表现就是悲观厌世，对生活、工作、人际交往失去兴趣，感到生活没有希望，总是想死，并尝试自杀，如果得不到亲人的关注，就可能自杀身亡。

　　有一位中学生，因为父亲总是赌博，屡教不改，母亲为此大为恼火，所以，夫妻情感极为不和，在父母的无休止的争吵中，这位中学生最终选择了上吊自杀。还有一位女青年，她的儿子只有五个月大，由于与婆婆生气，就服农药自杀了。还有一些人，因为不满意现有生活，寻死觅活，背井离乡出走，或者乱吃药，比如吃安定片等镇静剂，或者学着电视剧中的某些角色抽烟、酗酒，以为这样可以解除烦恼。

　　但是，他们真的就此解脱了吗？

　　这些事例告诉我们，遇到精神打击和不顺心的事，不能随心所欲地发泄，如果方法不对头，不仅自己不能得到解脱，反而会给别人带来很多麻烦，严重的还会影响整个家庭和个人的前途。

　　选择极端的方式并不是解决问题的最佳方法。不如意的事谁都会遇到，如果谁都一死了之，那么人类还如何存在下去？

　　所以，我们每个人都应该学会"心理自救法"，以便在遭受心理压力时，能够及时进行自我调节，保持心境明亮，保持心理平衡和心身健康；同时，我们对于自己周围的人，也要给予精神上的关怀和帮助，这是人际关系中的最重要的一环。

　　心理自救法，是预防自杀的重要心理卫生知识。心理自救法，很简单，就是要学会开朗、豁达，凡事能够想得开，不要小心眼，也不要为一点儿小事就斤斤计较。我们既然来到这个世界上，就要善待自己的生命，善待自己的心灵，我们要愉快地活着，这比选择"死"需要更多的勇气和自信心，但是它也更有意义和价值。因为只要我们好好地生活和工作，希望就会一直存在。

　　下面，我总结了四条心理自救法，希望这几种方法可以帮你打开你已久锁的心灵。

　　1.放松身体和精神

　　转移注意力，不去想令您不愉快的事，可做自己有兴趣的事，如参加文体活动，读一本您喜欢的书，或是听音乐、广播等。

　　2.照旧做自己应该做的事

　　安心学习或工作，像什么也没发生一样。专心做事，会使自己情绪稳定，减少烦恼。

　　3.冷静考虑对策

　　要积极行动，把不痛快的、想不通的事，向自己喜欢和信任的人——爱人、朋友、伙伴、父母、老师等——说出来，你

会得到对方的同情和帮助，这本身就是很好的心理治疗；也可以写在日记里，这是一种自我安慰的方法；必要时还以求助于热线电话、心理咨询门诊等。

4.让自己快乐起来

不要放纵自己的消极情绪，也不要把自己当作病人，因为任何不舒服的感觉也不能成为"避风港"和"防空洞"，如果您能想到，任何事情的发生都有它的合理性，您就不会再以沮丧和烦恼来惩罚自己。

据调查，约有60%的人，不愿向别人倾诉心里话，因为怕别人笑话，怕别人看不起，怕好朋友"出卖"自己，泄露秘密，怕挨父母的批评，或怕爱人误解自己等，而宁愿把自己不愉快的事闷在心里。其实，这样做是很危险的，对自己的身心健康很不利。

我们都知道《红楼梦》中的林黛玉，是一个不愿把自己心中的秘密告诉别人的人，结果她生了重病，年纪轻轻就死去了。这不是作家胡编杜撰的，而是有科学根据的。

现代医学、心理学的研究已经证明，一个人如果长期积累着消极的情绪和过多的忧郁、焦虑、恐惧等不良体验，会诱发各种慢性疾病，如心血管疾病、精神病，甚至包括癌症。所

以，学会心理自救法，就可以及早预防各种由心理、精神因素引起的疾病。

所以，我们也要关心自己周围的亲人和朋友。如果有人总是情绪消沉，孤僻自闭，远离朋友，有时呆坐流泪，有时喃喃自语，有时对别人说一些类似"遗嘱"的话，或是反复整理自己的东西，性格有异常的改变，在日记、书信或者言谈话语中流露出轻生的念头等，这就应该引起警惕，及时与他谈心，陪伴他与人多交往，必要时改变生活环境，如果亲人的开导作用不大，就应尽快到心理门诊进行心理咨询和治疗。如果是较严重的抑郁症，还需要进行药物治疗或是住院治疗，千万不要因为我们的一时疏忽，导致亲人的自杀。

近年来，新闻媒体也多次报道过一些企图自杀的实例，尤其是爬上楼顶、塔顶等高层建筑企图寻短见的人，其实，他不一定想死，而只是想引起社会的关注。或是他想，即使我死去，也不能默默无闻，要让人知道我为什么死。但这种方式，不但可能造成众人围观，而且还会带来不良的社会影响，应尽量避免。我认为，整个社会都应该关注这类人群，从心理上给予他们一定的帮助，不至于使他们走上绝路，断送了自己的一生。

总之，我们要打开自己心灵的枷锁，学会自我解救，做一个乐观的人：在陷入困境和逆境时，仍旧应该看到希望，应该把一切不幸、痛苦、挫折、失败等都看作精神财富，那样，我们不但可以从中得到锻炼，增长社会生活经验，还能很快重新振奋起来，投入到新的生活中，永葆更加灿烂的明天。

第四章

放飞心灵，超越自我

潇洒地对待人生

　　人虽然活在这个社会中，但是，能够主宰自己的，还是人本身。尤其是现代社会，看似复杂无比，但是其实没有什么能约束你，约束你的只有自己的心。同样，你可以随便就找一个理由来逃避生活中的任何责任，但是你却永远都无法逃避自己的心声。

　　这是一个医生亲眼目睹的一件普通的突发事件：

　　某地区的一个城乡结合部正在大搞建设，工地一角突然坍塌，脚手架、钢筋、水泥、红砖无情地倒向下面正在吃午饭的民工的躯体，烟尘四起的工地顿时传来伤者痛苦的呻吟。

这一切都被路过的两辆旅游大客车上的人看在眼里。旅游车停在路口，从车里迅速下来几十名年过半百的老人，他们好像没听见领队"时间来不及了"的抱怨，马上开始有条不紊地抢救伤者。

现场没有夸张的呼唤，没有感人的誓言，只有训练有素的一双双手和默契的配合。没有手术刀，就用瓷碗碎片打开腹腔，没有纱布，就用换洗衬衣压住伤口。急救车赶来的时候，已经是事故发生的50分钟以后，从一个外科医生的眼睛来看，这些老人们至少保住了10个民工的生命。

在机场，这名医生又遇到了这些老人们的领队，两个时尚年轻姑娘一边激烈地讨论这么多机票改签和当地导游的费用结算问题，一边抱怨这些老人管了闲事却让她们两个为难。

老人们此时已经换上了干净的衣服。其中一个老人面有歉疚地对两个年轻姑娘说道："军医同学……不管心里多么过意不去……老头儿们这脾气……"

这个老人说得对，人可以逃避责任，但是心却无法做到，心会跟着愧疚一辈子。我觉得谁都无法完全忘掉歉疚，或者带着歉疚生活一辈子，这份歉疚会给我们带来很大的影响。可

是，你要知道，任何经历过的歉疚都会像酸醋蚀铁做的容器一样慢慢侵蚀你的心灵，久而久之，让你再也无法用明亮清澈的眼睛和一颗坦然的心对待工作和生活。

一位哲人曾经说过："人生是一面镜子，你对它哭，它就对你哭，你对它笑，它就对你笑。"心情的变化直接影响着你对待生活的态度，从而也影响了你的生活质量。我们若能常常被自己所鼓舞，维持一个好的心情，那么就能够使自己保持一种乐观向上、健康大度的心态，也就会拥有更加美好而快乐的生活。反之，如果心情不好，一味地和自己过不去，就会越发使自己悲观消极，意志消沉，甚至从此一蹶不振，一辈子也就毁在其中了。

人最无法逾越的就是无所事事，因为这样就极易使人产生疲劳感，甚至还会导致疾病。悲观者有一首歌："天也空，地也空，人生渺茫在其中；日也空，月也空，东升西落为谁功？田也空，屋也空，换了多少主人翁！金也空，银也空，死后何曾握手中？妻也空，子也空，黄泉路上不相逢；朝走西，暮走东，人生犹如采花蜂；采得百花成蜜后，到头辛苦一场空。"如果一个人对待生活消极到了这样一种程度，那么哪里还能享受到成功的喜悦与人生的乐趣呢？

如果我们想走出那片消极的天空，使自己保持一种积极乐观的心态翱翔世界，需要做些什么呢？我认为，首先不妨学会让自己达观起来。

不要总是把自己圈在自我小天地里，困惑于世人的眼睛，常常担心别人的议论。自怨自艾，患得患失。要多给自己一些机会，放下包袱，轻松做人做事。自己的路怎么走，其最终的掌握权还是在于自己，顾虑太多，束缚太多，只能淹没自身的创造能力与成功机会。

不过，我们还是要看到，人的任何一种心态都是对生活的不同看法。大凡乐观的人往往是"憨厚"的人，而愁容满面的人，总是那些心胸狭窄，不够宽容的人。他们看不惯社会上的一切，只有人世间的一切符合自己的理想模式，才会觉得舒心。其实这种人是在进行一种消极的干涉。他们太过挑剔，泾渭分明，因而有了怨恨、挑剔、干涉是心理软弱、心理"老化"的表现。

真正聪明的人不会跟情绪闹别扭，如果遇到情绪扭不过来的时候，他们会选择暂时回避一下，打破静态体验，用动态活动转换情绪。

其实，快乐和放松是很容易实现。也许是一曲音乐，便会

将你带到梦想的世界，如果你能随欢乐的歌曲哼哼起来，手脚拍打起来，无疑，你的心灵会与音乐融化在纯净之中。同样，看场电影、散散步、和孩子玩玩，都能把你带到另一个情绪世界，你的心境也自然会大有不同。

如果你因为身体上有残疾，你就变得浮躁、悲观。但是，你要知道，浮躁、悲观是无济于事的。这个世界上还有很多美好等待你去发现，所以，你还要继续在这个世界上活着，你还要好好地活着，活出精彩。那么，你不如冷静地承认发生的一切，放弃生活中已成为你负担的东西，终止不能取得的冀望，并重新设计新的生活。大丈夫能屈能伸，只要不是原则问题，不必过分固执。

别人在背后说自己的坏话，或者轻视、怠慢自己，想想不是滋味，故以眼还眼，以牙还牙。结果你又多了一个人际屏障，多了一个生活的"对头"，那当然也使你整日诚惶诚恐，不知他人在背后又要搞什么。其实，别人说什么那是别人的事，我们不能只为别人活，别人看到的也只是一部分，他们不知道我们究竟是什么情况，我们要活出自我。

我们要懂得净化自己的心灵，净化自己的诚意，不回避对方，拿出豁达的气量，主动表示友好。这样，容易使你在针锋

相对、逃避退缩、一如既往的三种态度上找到最利于个人情绪健康的方式。

没错，在我们的生活中，人生不如意的事常有八九，难免就会经历坎坷，陷入困境，遭遇痛苦。但是，这是每个人在成长过程中，都必须要过的一关，这就像自然现象一样，你无法躲避，只有勇敢地面对。

在这个时候，我们一定要振作起精神，寻找一点对自己有乐趣的事去做，想一些能唤起美好记忆的往事，调节自我意念，尽快排除苦闷，维持乐观的心态。我们要学会潇洒人生。天地悠悠，每个人都是匆匆过客中的一员。排除悲观情绪，关键在于有信任、现实的处世宗旨，相信自己和别人都有不断改善人际关系的能力，在这个基础上，设计一条自我可以接受的幸福道路。认真地品味生活，认真品味人生，潇洒地对待人生，达观地对待生活，幸福才能够永远与你同行，你的人生一定会变得更加多姿多彩。

净化自己的心境

在现实生活中，每个人都可能遭受这样或那样的打击和挫折：失恋、高考落榜、被老板炒鱿鱼等。这时人们就会变得垂头丧气，萎靡不振，无精打采……这些心理多半是人们意志薄弱，心态不成熟的一种表现。在这种心态的影响下，悲观者实际上以自己悲观消极的想法看客观世界，在悲观者心中，现实是或多或少地被丑化了的。

目前社会上许多人，对未来和生活都持有一种悲观的迷茫心理。无论自己的过去有多少辉煌，都一概视而不见，心理上充满了自责与痛苦，嘴上有说不完的遗憾。对未来缺乏信心，

一片迷茫，总是认为自己一无是处，什么事都干不好，认知上否定自己的优势与能力，无限放大自己的缺陷。

持有悲观心理的人，一方面是看不见自己的长处和优势，常常因缺乏信心和勇气而事业难成；另一方面，这种人在心理定位上对自己常持否定态度，不能接纳自己，使其内心长期处于失衡与迷失状态中，人生体味中只有痛苦、受挫感和失败感。久而久之会使人产生抑郁、不安、心理失调等心理问题和疾病。

在这样的情况下，如果你一直保持一种自己不如人，无法成就大事的心态，那么，一段时间以后，你就会真的开始相信这一切，然后心里就会有一种根深蒂固的观念"登记注册"，你的潜意识中也会这样认为。进而你的"思想机器"就开始复制这种"无足轻重的小人物"的图案。如果你流露出自己有不足的思想或有欠缺的思想，那么，从此之后，你的生活中也会有这种消极悲观的因素，你就会在生活中表现出弱小、失败和贫困。

但是，如果你的想法恰恰相反，你坚定地认为自己是生活中幸运的化身，一切好事都会与你如影随形，如果一直这样坚信，那么，一切好事也许都将落到你的头上，就好像是你生来

就有这样的权利。

如果你坚定地宣称，自己具有帝王般的品质，如果你坚定地宣称自己完全有能力实现伟大、崇高的人生目标，如果你坚定地宣称自己拥有力量和健康，而与疾病、弱小、混乱无缘。那么，这种充分自信的心态就使得你积极主动，极富创造力，你就会凭借这种乐观豁达的心态成就自己梦想和渴望的一切。

那么，一个人怎样才能使自己的心境做到积极上进的呢？我认为，最主要的就是要让自己避免人生缺陷的一面，充分展现"扬长"的一面。具体要注意以下几点：

1.莫让贪婪摧毁你

贪婪的可怕之处不仅在于摧毁有形的东西，而且能搅乱一个人的内心世界。人的自尊，人所恪守的原则，都可能在贪面前垮掉。

2.打开忧虑之锁的钥匙

成功学大师卡耐基曾说："忧虑像把锁，它能把人锁得心慌意乱。打开忧虑之锁的钥匙则是，看清事实，分析情况和付诸行动。"

3.让盲目远离自己的心灵世界

没有正确的判断，就会面临更多的失败和危急关头。在失

败和危急关头保持冷静是很重要的。

4.自卑是心灵的枷锁

自卑感具有使人前进的反弹力，由于自卑，人们会清楚地甚至过分地意识到自己的不足，这就促使你努力纠正或者以别的成就（长处）弥补这些不足。这些经历将使你的性格受到磨砺，而坚强不屈的性格正是你获取成功的心理基础。自卑能促使成功，令人难堪的种种因素往往可以作为发展自己的跳板。所以，一个人的真正的价值，首先取决于能否从自我设置的陷阱中超越出来，而真正能够解救你的这个人就是你自己。"上帝只帮助那些能够自救的人。"

要想摆脱自己心理或生理方面带来的自卑感，就要善于寻找运用东西来替代、弥补这种自卑意识。

5.将嫉妒升华为前进的动力

嫉妒是一种难以公开的阴暗心理，是人们普遍存在着的人性弱点。在日常工作和社会交往中，嫉妒心理常发生在一些与自己旗鼓相当、能够形成竞争的人身上。比如，对方的一篇论文获奖，人们都过去称贤和表示祝贺，自己却木呆呆地坐在那里一言不发。由于心存芥蒂，事后也许或就这篇论文，或就对方其他事情的"破绽"大大攻击一番。对方再如法炮制，以牙

还牙。如此恶性循环，必然影响双方的事业发展和身心健康。

由此我们可以看出，嫉妒对一个人的伤害特别大，是妨碍一个人取得成功的最大阻力。所以，我们必须克服嫉妒这一弱点。如果被嫉妒心理困扰，难以解脱，一定要控制自己，不做伤害对方的过激行为。然后不妨用转移的方法，将自己投入到一件既感兴趣又繁忙的事情中去。

工作及社交中的嫉妒心理往往发生在双方及多方身上，因此注意自己的修养，尊重与乐于帮助他人，尤其是自己的对手。这样不但可以克服自己的嫉妒心理，而且可使自己免受或少受嫉妒的伤害。同时还可以取得事业上的成功，又感受到生活的愉悦，这才是我们要追求的人生。

6.克服虚荣心理

虚荣心过强的人，很容易被赞美之词迷惑，甚至不能自持，走向了一个虚幻的世界。

每一个人都有一点儿虚荣心，这是无可非议的，人之生而为人，总是希望得到别人的赞许。但如果虚荣过了头，那就有害了。

虚荣的魔鬼阻隔着我们与成功握手，虚荣心过强的人，很容易被赞美之词迷惑，甚至不能自持，走向了一个虚幻的世

界。爱慕虚荣就是太渴望别人的认可，即使明知别人是拍马奉承他还是愿意洗耳恭听，甚至即使欺骗撒谎来的赞美之词也不例外。

那么，如何克服虚荣心理呢？

1.要有正确的人生目标

一个人追求的目标越高，对低级庸俗事物就越不会注意。一位名人说："虚荣者注视自己的名字，光荣者注视祖国的事业。"这是很中肯的。

2.正确认识荣誉

伟大的诗人屈原曾说："善不由外来兮，名不可以虚作。"希望得到别人的尊重是正常的，但这种尊重的基础是自己的有所作为，而并非无所作为、弄虚作假，否则，即使眼下得到尊重，终有一天也会露出马脚来。

3.要有自知之明

自知之明包括对自己的长处和短处都有清晰的认识。过高估计自己的长处，实际生活中达不到；过低估计自己的短处，实际生活又难以尽免，都会产生虚荣做法，承认自己有这么多长处，坦白自己有这么多短处，实事求是地对待自己，虚荣心理的基础就会大大削弱，许多麻烦的事情就能避免。

7.走出愤怒的误区

作为失败的一种慰藉，愤恨比疾病更糟糕。愤恨是毒化精神的毒剂，它使人得不到快乐，并且把争取成功的巨大能量消耗殆尽。愤恨往往能造成恶性循环。心怀不平而又盛气凌人的人很难与他人合作，而合作者不够热情或者老板指责他工作的缺陷，会使他又多一层愤愤不平的理由。

愤恨也是使我们妄自尊大的一种"方法"。很多人从"被亏待"的感觉中得到一种不正常的满足。从道德上讲，不公正的牺牲品、受到不公平待遇的人比造成不公平的人更优越一些。

愤恨不平即使有真正的不公平和错误为基础，也不是取得胜利的方法，这很快就会成为一种感情习惯。你习惯性地感觉自己是非正义的牺牲品，就会把自己描绘成一个牺牲者的形象。你怀有一种内在的感情，寻找一种合适的外在借口，这样就容易找到不公正的"证据"，或者幻想你被亏待了，即使是对最没有恶意的话和最没有偏向性的情况也会如此。

因此，我们不要轻易就进入愤怒的怪圈，遇到让我们特别生气的事情时，我们数到30再决定。没有愤怒，就没有争吵，就没有怨恨，我们的生活就会多一分宁静祥和，我们也会多一分快乐和轻松。

让心静下来

在电影《功夫熊猫》中，有一句经典的台词"innerpeace"，翻译过来就是"内心平静"。这是一种境界，一种一般人很难到达的境界。

在人的生命当中，有很多问题都需要以一颗冷静的心去面对，在小的时候面对老师一次次的提问，面对着一道道数学题；毕业时面对的是选择继续深造，还是择业；应对面试官那令人费解的问题，人生当中面对的一次重大的决策等，都需要我们冷静地去应对。学会沉着地去应对，认真思考，你才能真正找到一份满意的答卷，开辟出一条成功的人生之路，一次次

做出正确的决策，最终取得一次次成功的机会。

心静是一种战斗力，在最为关键的时候，它能使你理智地看待一切事物，使你不会受到外界的影响，做出冲动的选择。正因如此，才有那么多人，在自己的人生舞台上取得了成功，因为他们具备了临危不惧这样的优点，才创造出了一次又一次的胜利。

英国人安妮塔，被称为美容界"魔女"，曾位列世界十大富豪之一，她拥有数家美容连锁店。不过，安妮塔为这个庞大的美容"帝国"创造财富时，却反其道而行，从没有花过一分钱的广告费，这在当时被认为一种"心静"的举动。

1972年，安妮塔贷款4000英镑，在肯辛顿公园靠近市中心地带的居民区租了一间店铺，并把它漆成绿色，这便是她开的第一家美容小店。

虽然美容小店的这种所谓"独创"的著名风格（众报周知，绿色属于暗色，用它做主色不醒目）的真实缘由，完全出于无目的，但这种直觉的超前意识却是新鲜而又和谐的，因为绿色是天然色。

美容小店艰难地起步了，在花花绿绿的现代社会里并不

心有阳光，便能幸福

惹眼，而且更为糟糕的是，在安妮塔的预算中，没有广告宣传费。正当安妮塔为困难焦虑不安时，收到一封律师来函。这位律师受两家殡仪馆的委托要控制她，要她要么不开业，要么就改变店外装饰。原因是像"美容小店"这种花哨的店外装饰，势必破坏附近殡仪馆庄严肃穆的气氛，从而影响业主的生意。

安妮塔又气又笑。无奈中，她灵机一动，打了一个匿名电话给布利顿《观察晚报》，宣称她知道一个吸引读者、扩大销路的独家新闻：黑手党经营的殡仪馆正在恫吓一个手无缚鸡之力的可怜女人——罗蒂克·安妮塔，这个女人只不过想在她丈夫准备骑马旅行探险的时候，开一家经营天然化妆品的美容小店维持生计而已。

《观察晚报》果然上当了。它在显著位置报道了这个新闻。小店尚未开业，就在布利顿出了名。开业初的几天，美容小店顾客盈门、热闹非凡。

然而不久，一切发生了戏剧性的变化：顾客渐少，生意日淡，最差时一周营业额才130英镑。事实上，小店一经营业，每周必须进账300英镑才能维持下去，为此，安妮塔把进账300英镑作为奋斗的目标和成功与否的准绳。

经过深刻地反思，安妮塔终于发现，新奇感只能维持一时，不能维持一世。要想扩大小店的知名度，还需要进行不断地宣传。在她看来，美容小店虽然别具风格、自成一体，但给顾客的刺激还远远不够，需要马上加以改进。

一个凉风习习的早晨，人们在肯辛顾公园发现了一个奇怪的现象：一个披着曲卷头发的古怪女人，正沿着街道，往树叶和草坪上喷洒草莓香水，清馨的香气随着袅袅的晨雾，飘散得很远很远，她就是安妮塔——美容小店的女老板。她要营造一条通往美容小店的馨香之路，让人们闻香而来，流连忘返，认识并爱上美容小店，成为美容小店的常客。

因为她的这些非常奇特意外的举动，她和她的小店又一次免费地上了布利顿《观察晚报》。

当初，美容小店进军美国时，临开张的前几周，纽约的广告商纷至沓来，热情洋溢地要为美容小店做广告。他们相信，美容小店一定会接受他们的热情，因为在美国，离开了广告，商家几乎寸步难行。

　　但是，安妮塔却态度鲜明地说："实在是抱歉，在我们的预算费用中，没有广告费用这一项。"

　　安妮塔用一颗冷静的心去面对一切，即使由于她的某些做法引起美国商界的纷纷议论，纽约商界的常识是，如果外国零售商要想在商号林立的纽约立足，若无大量广告支持，说得好听是有勇无谋，说得难听无异于自杀。然而，安妮塔做到了。

　　所以，越来越多的读者开始关注起这家来自英国的企业，觉得这家美容小店确实很怪。这实际上已起到了广告宣传的作用，安妮塔并没有刻意去策划，但却节省了上百万美元的广告费。

　　后来，当美容小店的发展规模及影响足以引起新闻界的眼球时，安妮塔就不再大费周折地做广告了。但是当新闻界采访安妮塔或者电视台邀请她去制作节目时，她总表现活跃。

　　就是依靠这一做法，安妮塔使最初的一间美容小店，扩张成了跨国企业。1984年，她的公司成功上市之后，她也很快就入亿万富翁的行列。

　　在这个故事中，也许我们可以学到这样一个道理：在我们的生活当中，我们做事情更需要冷静，让自己保持一颗平常心，冷静地面对一切事物的变化。然而，生活中有很多人和

事，都是因为自己的不冷静，随着时间而使事情发生恶变，从而也使自己成了受害者。

冷静是一种内心的修养。冷静是源自于内心的，有的人冷静不下来，不论是心胸狭窄的原因，还是骄横自傲，无论怎样，就是有多个方面的原因让你无法做到冷静，其实归根结底，就是我们自身修养不够。修养好的人，就能自觉地克己和律己。受挫时，不至于唉声叹气；获得奖赏，不至于忘乎所以；有钱有权时，不至于趾高气扬；待人处世时，不至于浮躁轻狂。

面对生活，面对生命，我们要努力提高自己的修养，让心静下来，这样才能尽情拥抱生活，拥抱快乐和幸福。

放下

有一句老话说，"不会生气的人是傻瓜，不会生气的人是智者。"在现实生活中，我们的心灵世界往往会受到许多外来事物的侵袭，在这种情况下，我们就要学会改变自我内心的力量。只有你能清楚掌握你自己的思想或行为，你才能成功地占据人生的制高点。

有人曾经这样问美国第六任总统的顾问巴洛克："你在遭受政敌的攻击时，有没有受到困扰？"

巴洛克回答说："没有人能侮辱我或困扰我，我不允许他们这么做。"

同样，也没有任何人能侮辱我们或困扰我们，除非我们自己允许。棍棒石头可以打断我们的骨头，但语言休想动我分毫。

　　有一位心理学家曾说："我们收获的就是我们的所种植的，命运总不放过，要我们为自己的罪行付出代价。从长远而论，每个人都会为自己的错误付出代价。能将此长埋于内心的人，就能不对人发怒、愤懑、诽谤、攻击或怨恨。如要摆脱内心的枷锁，唯一的办法就是要学会内心的平静。哪怕有人伤害了你的感情，可能在昨天，也可能在遥远的过去，对此你耿耿于怀，你觉得他不该这么对待你，于是怨恨便在你的心灵深处生了根，而且使你伤心不已。"

　　但是，对于常人来说，要做到"内心的平静"并不容易。由于某种要求"公平"的感情使我们"以牙还牙"，因而使我们的内心世界波涛汹涌，让我们的仇恨充满了我们的内心世界的每一个角落，复仇的火焰烧得我们坐卧不安。

　　仇恨是人们受到不公平对待和深深的心灵伤害时，自然产生的一种心理反应，它会窒息快乐，并使心理大受损害。事实上，仇恨对仇恨者的心理损伤会比被仇恨者更大。因而可以这么说，即使是为了我们自己的利益，我们也必须抑制住内心的仇恨之火，打开束缚自己内心世界的枷锁。

那么，我们如何解开内心世界的那把枷锁呢？如何使你拥有一颗平静的心？如何使你摆脱种种的仇恨，犹如一个儿童松开双手，放出掌中的一只蝴蝶呢？

下面是心理学家提出的几条行之有效的建议。

1.让过去的事过去

一位漂亮的女演员不幸因车祸成了残疾人，她丈夫在她还没有完全恢复健康时残酷地离开了她。她决定割断自己和过去的联系，不使自己的未来受控于没完没了的仇恨。她看清了丈夫是个什么样的人，于是宽恕了他。这并不是说她把内心的创伤忘得一干二净，她只是开朗地"不念旧恶"，让过去的事情过去吧。

2.开诚布公

人们常常不愿意公开承认自己仇恨某人，而实际上这种自我掩饰却又往往使心中的仇火越烧越旺。从某种意义上讲，如果你有勇气向他人承认自己心中的仇恨，就意味着你走上了宽容的第一步。

利兹是加州大学的副教授，书教得不错，系主任答应要求校方晋升她的职称，相反，在他写给校方的报告中，他对她的

作风尽是尖刻的批评，因而校长决定"另请高明"。利兹对她的顶头上司的背信弃义十分痛恨，但她还是决定找他开诚布公地谈谈。找了一个机会面对面地将真相和盘托出。系主任承认了，却又拼命解释他是"心有余而力不足"，当她深信此人是个表里不一的卑劣小人时，她感到自己比他"强大"得多，于是仇恨也就随之消失了。

3.要有耐心

英国著名的儿童文学家C.S.莱威斯在学生时代心灵曾被一位粗暴的教师深深刺伤过。在她的大半生中她对此都"念念不忘"，有时她还为自己不能宽容这位老师而苦恼。但在去世前不久他写信给朋友并透露："我一直想宽恕他，然而一直未能成功。但我并不灰心，仍一次又一次地继续努力——现在，我可以告诉您，我已经完全原谅了这位使我童年黯然失色的教师了。"

犹如坏习惯一样，仇恨一旦生成便不易一下子克服。仇恨结得越深，消除也越费时间。欲速则不达，慢慢来，自然"水到渠成"。

4.学会宽容

事实上，复仇从来不能造成"平衡"和"公平"。报复常

常使仇恨者和被仇恨者双方都陷于痛苦的地狱中，甘地说得好："要是人人都把'以牙还牙，以眼还眼'当作人生法则，那么整个世界早就乱作一团了。"宽容意味着勇敢而不是怯懦。要向自己的仇人做出高姿态是需要不少勇气的。同时，它还需要一颗善良的心。宽容可以融解我们心头的冰块，能帮助弥合心灵的创伤，从而让我们变旧的痛苦为新的开端。宽容不仅是人类应该具有的一种修养，而且是一种使世界变得更美好的美德。

5.对事不对人

你可以对别人所做的对不起你的事生气，但你不必对得罪你的人"恨之入骨"。宽容可以使你对人生产生新的领悟。应该经常想到，对人生认识更深刻一层时，我们的感情也会随之而起变化。人人都有一本"难念的经"，都有难言的苦衷。如果有人得罪了你，你不妨想一想：也许当时他的行为也是"事出有因"或有"难言之隐"。

一位十六七岁的少女凯西痛恨生母在她幼年时就将她遗弃了，她一直不明白自己为何"不配"做她的女儿。后来，当她得知母亲生她时很穷而且年龄又小，而且尚未正式结婚时，她终于宽恕了母亲，因为她终于明白了，母亲将她给他人家寄养也许是唯一最对得起她的方法了。

豁达

有人曾说过："你的内心是对你的躯体的主宰，是至高无上的，在一定条件下，它可以让肉体和神经变得坚不可摧，让肌肉像钢铁一样坚韧，弱者就是这样变成了强者。因为你的心境控制得当，你就能够按照你真实的面目去对待所有事物，就会按照真正价值去评价所有事物，会利用其自身的优势，坚定不移地相信自己的观点，因为他知道这些观点的价值和分量。"

我们在别人心目中的形象以及他人对我们的评价与我们的自信有很大的关联。如果我们自己都缺乏自信，那么别人也不

可能相信我们；如果我们给别人是一种自信、勇敢、无畏和积极健康的印象，如果我们具有那种震慑人心的自信，如果我们养成了一种必胜的信心，可能在生活中将会得到更大的帮助。我们则更有可能成为一位成功者。

　　如果一个人总是想着为自己打算，做事斤斤计较的，一遇报酬不相应，便会滋生被遗忘、被冷落、被否定的感觉，心的平衡与安宁必荡然无存。

　　那么，我们怎样才能使自己的心达到这种境界呢？

　　1.有自知之明

　　人们能否达到心胸豁达，能否正确评价自我和确立自我追求是很重要的。一个人评价自我，是通过认识自己的长处和短处来进行的。如果夸大长处，必会傲气盈胸，自命不凡；夸大短处，则自惭形秽，自暴自弃。而只要自我评价一旦失败，人们通常就不知道自己应该做什么和能做什么，在自我追求目标的选择上陷入盲目。一个人只有自我评价恰如其分时，才会心情宁静，不骄不躁，不亢不卑。因此生活目标可定得适度。一种既能充分激发自己的潜力，经过努力又能达到的目标，将使人们内心坚定踏实，永远充满乐观、自信、自尊与自豪。追求豁达的人，必然是一个积极、认真了解自己和切切实实了解自

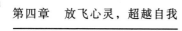

己的人！

2.欲望要有度

我们拥有功能，必然存在欲望。合理地觅食求偶，无可非议，但欲望超出了一定的原则和范围，就成了罪恶。恣意纵欲，可以污染人群、腐蚀国家。学会控制你的欲望，使之合理适度，这是心归于祥和平静的一个重要法门。

3.懂得自省

人非先天就是圣人，心中难免会有这样或那样的错误、暗淡、罪恶、虚伪等念头。存有了这些念头并不可怕，可怕的是放纵、任性和宽恕自己，从而造成恶性循环，永远生活在黑暗中，最后被毁灭。人应该经常反省自己，警惕自己，告诫自己，使这些念头不重复而逐渐把它们克服。一个人只有不断地清洗自己的心，扫除思想的桎梏和精神上的烟雾，才能扩大豁达的心。否则，错误的念头就会像霉菌一样将你的心腐蚀，吞噬……

4.学会无私

每个人都有各自的工作和生活。如果他在工作和生活中，追求的是贡献于社会，努力创造为的是民族和国家，而不仅仅是博取功名利禄，那么，就往往不会为时时都有可能发生的报酬不公而抱怨、牢骚满腹、耿耿于怀。相反，却会因为对同

胞、社会、民族有所贡献，心中畅通光明，坦然无悔。如果一个人只索取不奉献，背弃自己作为社会成员应尽的责任。如此，固然省了精力，图了轻松，有了财富，却会为良心持久的亏欠和忏悔所折磨；遭人白眼，更是损了人格，失了尊严。

在生活中，有不少人面对激烈的竞争，常显示出措手不及的惊恐状，面对强手始终觉得自己是一个弱者，随时都有可能被迫退出人生舞台的恐惧。古往今来，多少有志之士在历史的长河中留下了灿烂的昨天，因为他们都是自信的人。能成大事的人，不是金钱的多少、权位的高低可以衡量，而是看他是否自信。在我们的身边，也有很多这样成功的人，他们都是通过自己的刻苦和努力而改变了自己，从自己的身上找到了自己的特长，最终走向了成功。

海伦在一岁多的时候，因为生病，从此眼睛看不见，并且又聋又哑了。由于这个原因，海伦的脾气变得非常暴躁，动不动就发脾气，摔东西。家里人看这样下去不是办法，便替她请来一位很有耐心的家庭教师苏丽文小姐。海伦在她的熏陶和教育下，逐渐改变了。

她了解每个人都很爱她，所以她不能辜负他们对她的期望。她利用仅有的触角、味觉和嗅觉来认识四周的环境，努力充实自己，后来更进一步学习写作。几年后，当她的第一本著作《我的一生》出版时，立即轰动了全美国。

海伦·凯勒虽然五官残缺，但是她能克服不幸，完成大学教育。以后更致力于教育残缺儿童的社会工作，这种努力上进的精神，实在值得我们效法，人们从内心崇拜海伦·凯勒，因为她是一个残而不废的伟大女性，因为她能始终坚持自己的信念，一步步努力向前，最终走向成功。

伟人的经历及成功的经验告诉我们，我们只有在面对困难时，知难而进，才能有所成功，才能在关键时刻，爆发并喷发出无与伦比的巨大力量，才能克服困难，成就心中所愿。

第五章

从容地享受生活

体会生活的乐趣

　　人要想体会到生活的幸福，就一定要过好平常普通的日子。从最简单、最烦琐的柴米油盐酱醋茶中体会生活，感悟生活，你才会知道什么是真正的快乐。没有把平常日子过好的人，不会品味到人生的幸福；没有珍惜平常的人，不会创造出惊天动地的伟业，因为平常包容一切，孕育一切。

　　一个人可以选择过平常的生活，也可以选择不过平常的生活，我们有这个权利，而且这也是由我们的心境所决定和影响的。一旦你选择了平常的生活，即意味着日常生活中，俯拾都是机会。每一次经验都是全新的开始，可用不同的想法和感觉

去体会。面对生活中接连不断的种种挑战，在取得主动的地位后，便能迅速地决定应对的方式和策略，然后镇定自若地调兵遣将。

人类的伟大在于生命永不休止的渴望和追求，历史的嬗变在于千百万创造历史的人们永无休止地劳作。生命是一个过程，而生活是一条舟。当我们驾着生活的小舟在生命这条河中款款漂流时，我们的生命乐趣，既来自于与惊涛骇浪的奋勇搏击，也来自于对细水微澜的默默寻思；既来自于对伟岸高山的深深敬仰，也来自于对草地低谷的切切爱怜。所以我们平常的生命、平常的生活一经升华，就会变得不那么平常起来。因为，生命和生活是美丽的，这种美丽，恰恰蛰伏于最容易被我们忽略的平平常常之中。

有一个不怎么出名的作家，早年在家乡一所农村中学教语文，业余时间给报刊写点儿小文章，老婆做点儿小生意，日子过得虽不算十分富足，却也清静自在。

他觉得城里人的生活是非常滋润的，所以非常羡慕，于是，他放弃了家乡的工作，带着老婆孩子来到了广州。老婆租了个摊位继续做她的小生意，他没有找到接收单位，就做了一个自由撰稿人。

他们初到广州，没有房子，只能租房住，广州房租很贵，为了节省开支，就不能考虑太多环境因素，他们住的楼下是一家工厂，每天各种机器设备发出的噪音，吵得他不得安宁。夜里睡不好，白天脑袋昏昏沉沉像灌了糨糊，有时一连几天也无法写出一篇文章。他为此很苦恼，却又无可奈何。

就这样，苦熬硬撑了几年，他终于挣了一些钱，于是向银行贷款按揭买了房子。

但令人苦恼的是，新房子的情况更糟糕：楼上那户人家常常夜里不睡觉，杂乱的脚步声，搬动桌椅子的声音，还有各种东西掉在地上的声音……来自外面的干扰还可以靠关死门窗抵挡一阵，而头顶的骚扰却让他无处可逃。

他去找那家说过这个问题，但是情况依旧糟糕。他也找过小区的管理处，但是也无济于事；最后他实在无计可施，于是向法院投诉，但却因为没法取证而搁浅了。那段时间，他憋了一肚子气，人整整瘦了一圈，而他笔耕的园子里又几乎颗粒无收。

终于他忍无可忍了，于是就把那套房子卖了，另外买了一套顶层的房子。一买一卖之间赔了好几万，把几年的积蓄全都

搭进去了。然而，顶层的房子也没有给他带来好运，刚住进去不久，广州就开始到处建设高架立交路，一条高架路就从他的窗下经过，于是轰轰隆隆的车声便日夜不停，排山倒海，雷霆万钧……

他发现，要想安静，除非买别墅。而买别墅要一大笔钱，他又开始了为房子进行新一轮拼搏。可是，那笔钱八字还没有一撇，他就病倒了。过了一段时间，城市的一切都让他们觉得生活得好难过，最后实在是撑不下去了，他又带着老婆孩子回到农村老家……

朋友去乡下看他，他坐在自家的小院里喝茶、看报，一副悠闲自在的样子。院子里除了屋檐下有几只麻雀在"叽叽喳喳"低语呢喃之外，几乎听不到任何噪音。空气清清爽爽的，不时有一阵淡淡的花香飘来。而他的气色和精神明显好多了。朋友和他喝茶聊天，问他准备什么时候回广州？他说："不回去了。"

朋友大感意外："你走的时候跟我说过，等身体养好了就回来的，怎么突然改变主意了呢？"他说："原来是那么想的，等在广州挣够了钱，再找一个清静的地方过日子。但这幸

福太昂贵，我付不起这个代价。现在回过头来看，当初花了那么多时间、那么多力气，去追求自己梦想的东西其实早就在我的身边了——这是一种最便宜的，却又是实实在在、触手可及的幸福。"

　　既然我们追求的东西早已经在我们的身边了，我们就要认识到平常事物是生命和生活的主体，珍惜平常事物对我们来说就显得格外重要。当我们以一种极为珍惜的感情去平平常常地生活时，就不免意外地发现：平淡无奇的深处也蛰伏着惊人的美丽；那披着灿烂云霞的黎明；那熙熙攘攘的自行车流；那提篮买菜时听到的大声吆喝；那厨房的锅碗盆瓢的交响；那如羽毛般洁白的流云；那流云般灿烂的花朵；那花朵般迷人的少女，无不令人怦然心动。至于人与人之间在平常中的无数交流，默契理解，如真诚的问候、陌生的微笑、困难时的微薄相助、胜利时的欢乐共振，也无不令你感泣陶醉。

　　一位国外知名作家在失去自由、隐居一年之后，有人问他最想念什么，他深有感触地回答："我想念的是平常的生活：在街上散步，到书店里从容浏览书籍，到杂货店里买东西，到电影院看一场电影……我想念的只是这些平常的小事情，你有这些事

情可做时，认为一点儿也不重要，当你不能做的时候，才知道那是生命中的要素，是真正的生命。取消这些事情，是最大的剥夺。"这段表白，真是再朴素不过地阐述了平常的价值。

平常之所以值得珍惜，既是因为它存在于现实之间，每个人都毫无例外地拥有，又是因为它深潜着理想基因，并非每个人都能发掘。而且一旦失去之后，它就会显示出惊人的价值和增值的能力。所以，请珍惜你现在感觉平淡的生活，因为幸福就在其中，要慢慢体会。

从容地享受生活

　　如果将平常人与那些叱咤风云的伟人相比，如果将平常的事与惊天动地的业绩相比，那必定会让平常之人的平常之事免显得平淡无奇。但是，平常才是生命的主体，也是生活的主体。就绝大多数人而言，终生作为平常之人，拥有平淡无奇的生命；就绝大多数职业来说，永远只为平常之事，拥有平淡无奇的纪录。即使在灿烂多彩的社会生活中，那种波澜壮阔的英雄之势，惊心动魄的历史事件，毕竟也只在很少的时候出现。所以，平常的才是永恒的，平常的才是最值得珍视和享受的。

　　在大多数时候，社会的脚步也只是悄无声息地移动，犹

如一条平淡无奇的河流。所以，对于生命主体和生活主体的蔑视，甚至否定，实质上就是对生命和生活本身的蔑视和否定，而蔑视和否定生命和生活的本身，就会陷入一种无所作为的"怪圈"，使生命的意义和生活的情操荡然消逝，应该说，这确是我们生命的一大误区和一道凋敝的败景。

世间最宝贵的就是生命，它是万物之源，是我们得以存在的根本。俗话说，留得青山在，不怕没柴烧。对于我们人而言，只要有生命尚存，一切皆有可能，但如果失去了生命，一切的一切也就变得毫无意义，因为人已经不能再拥有它了。所以，生命是比一切都更有实际意义的东西。我们要珍惜生命、热爱生命，这样才能有机会获得一切美好的事物。话又说回来，只有懂得珍视生命的人，才会懂得珍惜他身边拥有的一切，包括最平常的生活。

有一个英国的富翁，无儿无女，在一次大生意中亏光了所有的钱，并且欠下了巨额的债。为此，他卖掉了房子、汽车，还清了所有的债务。此时的他，孤独一人，穷困潦倒，唯有一只心爱的猎狗和一本书与他相依为命，如影随形。

在一个大雪纷飞的夜晚，他来到一座荒僻的村庄，找到一个避风的茅棚。他看到里面有一盏油灯，于是用身上仅存的一

根火柴点燃了油灯，拿出书来准备读书。但是，一阵风忽然把灯吹熄了，四周立刻漆黑一片。

一时间，这位孤独的老人陷入了无限的黑暗之中，对人生感到痛彻的绝望，他甚至想到了结束自己的生命。但是，立在身边的猎狗给了他一丝慰藉，他无奈地叹了一口气，然后沉沉睡去。

第二天醒来，他发现心爱的猎狗被人杀死在门外。他抚摸着这只相依为命的猎狗，发现这世界上再也没有什么值得留恋的东西了，他决定要结束自己的生命。在即将告别这个世界的最后一刻，他扫视了一眼周围的一切。这时，他发现整个村庄都沉寂在一片可怕的寂静之中。他不由得疾步出门，啊，太可怕了，尸体，到处是尸体，一片狼藉。显然，这个村庄昨夜遭到了匪徒的洗劫，整个村庄一个人也没留下来。

看到这可怕的场面，老人不由心念急转——我是这里唯一幸存的人，我一定要坚强地活下去。

就在这时，一轮红日冉冉升起，整个世界都被照得一片光亮。老人想我是这个村庄里唯一的幸存者，我没有理由不珍惜

自己的生命，虽然我失去了心爱的猎狗，但是我得到了生命，这才是人生最宝贵的。于是，老人怀着坚定的信念，迎着灿烂的太阳，向着远方出发了。

一个人即使在一夜之间失去了他曾经辛苦得到的一切，但只要有一颗宽广的胸襟和热爱生命的心灵，他仍然可以笑对困难，勇敢生活，仍然可以享受清风明月，欣赏朝花春露，品尝一汤一饭，尽享天伦之乐。因为只要生命尚存，真心未泯，我们会在生活的每一个片段中感受到幸福和快乐。

从前，在迪河河畔住着一个磨坊主，据说他是英格兰最快乐的人。

他是一个非常勤劳的人，每天从早到晚总是忙忙碌碌，繁忙间，他也不忘记像云雀一样快活地歌唱。在外人看来，他是那样的乐观，那样的潇洒，人们都非常羡慕他的生活方式，于是其他人也都跟着他变得乐观起来。渐渐地，国王听说了他。

国王说："我要去找这个奇怪的磨坊主谈谈。也许他会告诉我怎样才能快乐。"

他一迈进磨坊，就听到磨坊主在唱："我不羡慕任何人，不，不羡慕，因为我要多快活就有多快活。"

国王说："我的朋友，我羡慕你，只要我能像你那样无忧无虑，我愿意和你换个位置。"

磨坊主笑了，给国王鞠了一躬后说道："我肯定不和您调换位置，国王陛下。"

国王说："那么你告诉我，是什么使你在这个满是灰尘的磨坊里如此高兴快活呢？为什么我身为国王，每天都忧心忡忡、烦闷苦恼？"

磨坊主又笑了，说道："我无法解释你为什么忧郁，但是我可以简单地告诉你我为什么高兴。我自食其力，我爱我的妻子和孩子，我爱我的朋友们，他们也爱我。我不欠任何人的钱。我为什么不应当快活呢？这里有条河，每天它使我的磨坊运转，磨坊把谷物磨成面，养育我的妻子、孩子和我。"

国王说："不要再说了。我羡慕你，你这顶落满灰尘的帽子比我这顶金冠更值钱。你的磨坊给你带来的要比我的王国给我带来的还多。如果有更多的人像你这样，这个世界该是多么美好！"

每个人都可以获得快乐，而获得快乐的方式有很多种。每个人享受快乐生活的感觉也是不一样的。对于平常人来说，

秋高气爽的日子，登高远眺是一种快乐，海边观潮也是一种快乐；细雨绵绵的日子，撑伞漫步是一种快乐；热闹时，疯狂舞动是一种快乐；冷落时，悄然独处也是一种快乐……

快乐是无处不在的，它对我们每个人都是公平的。但在生活中，确实有许多人感受不到快乐的存在，他们不知道自己活着的意义，看不到平常生活中的幸福和美好。

很多男人傲视群雄，女人则梦想倾倒众生，对于他们来说，平平常常、实实在在地活着没有任何意义。他们在付出或者即将付出的同时，想到更多的是社会的认可和回报。当"熙熙攘攘，皆为利来"成为社会的流行病时，人们已逐渐成为欲望的奴隶。说着言不由衷的话，做着身不由己的事，内心在希望与失落的煎熬中苦苦挣扎。于是，再也看不见日落西山的万道霞光，风拂杨柳时的似水柔情变得无滋无味了。人们在追寻快乐的征途上渐渐迷失，最终置身于痛苦的深渊而无力自拔！

人需要一个好的心态。

一个人，无论聪明愚笨，都会有得失成败，谁都不可能只享受成功的喜悦，而不遭受失败的痛苦，只有在得失成败之间保持好的心态，才会摆脱得意的狂妄自大和失意时的萎靡不振。拥有一个好的心态，把自己置于百姓们平淡如水的衣食住

行中，才可以在司空见惯的日子里一点点吮吸人间真情，在默默付出的同时，获得精神的满足和幸福之感。

　　快乐是一个渴望有个家的人，需要我们有一个好的心态，所以，让我们在祥和宁静的心境里为快乐建造一个温暖的家。

心态好，才会生活得好

　　生活中，无论面对什么样的变化，我们都应该时刻保持一种宠辱不惊的平常心态，能够泰然处之。也就是说，我们要想活得好，就要心态好。

　　生活的态度决定一切，你用什么样的态度对待生活，生活就以什么样的态度对待你，你消极，生活就会黯淡；你积极向上，生活就会给你许多快乐。

　　但是，我们都知道，每个人所选择的生活态度是不同的。在生活中，我们随处都能看到一些消极的人，他们愁眉苦脸、垂头丧气、彷徨、无所事事，他们怨天尤人，感到前途无望，

生不逢时。其实，是他们错怪了生活。生活给予每个人的都是平等的，并不是生活不给他们机会，而是他们根本没有去争取。人生充满了选择，有什么样的想法，就有什么样的生活。你想积极乐观，生活自会主动配合，可是如果你想悲观消极，生活又能奈你何？

有一对孪生兄弟，其中一个过分乐观，而另一个则过分悲观。一天，父亲要对他们做"性格改造"，他给悲观孩子买了许多色泽鲜艳的新玩具，又把乐观孩子送进了一间堆满马粪的车房里。

第二天清晨，父亲看到悲观孩子泣不成声，便问："为什么不玩那些玩具呢？"

"玩了就会坏。"孩子哭泣不止。

父亲叹了口气，走进车房，却发现那乐观孩子正兴高采烈地在马粪里掏着什么。

"告诉你，爸爸。我觉得粪堆里一定还藏着一匹小马！"孩子得意扬扬地笑着。

从这个小故事中我们可以看出，乐观者与悲观者之间的差别是很有趣的，乐观者在每次危难中都看到了机会，而悲观的

人在每个机会中都看到了危难。乐观者看到的是油炸圈饼，悲观者看到的是圈饼中间的窟窿。

但是，这个小小的差别却有着不同凡响的意义——它决定你将以什么样的态度来对待你的生活，来对待你的成功和失败！毕竟，你只有拥有乐观的态度，才能帮助你走出挫败、走向成功。

换言之，我们如何思考某一客观事实，对其有什么样的看法，就会得到什么样的结果。虽然对事物的看法没有绝对的对错之分，但是有消极和积极之分，每一个人都要为自己的看法承担结果。消极思维的人对事物总能找到消极的理由，最终得到消极的结果。积极思维的人对事物永远都能找到积极的解释，然后寻求积极的解决办法，最终也能得到积极的结果。

有一个餐厅经理，他是一个笑口常开的人，无论是餐厅的工作人员，还是光临餐厅的客人，每个人都羡慕他的这种生活方式。有人问他近况如何时，他总是回答说："我快乐无比。"

如果哪个工作人员心情不好，他就会告诉对方要积极乐观一点儿。他说："每天早上一觉醒来时，我就会告诉自己，今天有两种选择，一种是心情愉快，一种是心烦闷，我选择心情愉快。每当有坏事情发生后，我可以选择悲痛，也可以选择从中吸取经验教训，我选择后者。人生也是选择，你选择怎样的生活，你就会拥有怎样的生活。"是的，他说得很有道理，开心也是一天，不开心也是一天，我们为什么不开心地过好每一天呢？

有一次，餐厅忘了关门，有三个持枪的人来抢劫，他上前阻拦，结果头部被击了一枪。他很快被送进医院，因为抢救及时，他脱离了危险，只是头上留下了一个伤疤。

一个星期后，有一位朋友来看他，并问他近况如何，他说："我快乐无比，想不想看看我的伤疤？"朋友看一下伤疤，然后问他当时想了些什么。他说："当我躺在地上时，我对自己说有两个选择：一是死，一是活。我选择了活。当医护人员为我动手术时，问我有没有对什么东西过敏，我深深地吸了一口气，然后大声吼道：'子弹！'我的话把所有的医生、护士都逗笑了，他们告诉我会好的。你看，我真的活了下来。"

因为这个餐厅经理有一种积极的心态，所以他能乐观地面对生活中的一切磨难，甚至是死亡。

　　在日常生活中，人们经常会遇到各种麻烦和困扰：工作不称心，事情处理不公平，经济条件不宽裕，健康欠佳，期望中的事情落空，好心未得好报，受冤枉挨批评等。如果能正确地对待生活，保持一颗积极的心态，就会想得开看得开，心胸也就会豁达，能克服以上所提到的困难，便能快乐地生活。相反，如果用消极的心态去看问题，就会产生一种失落、无奈、困惑之感，对自己的未来失去信心、从而处于牢骚满腹的心理状况，生活就会黯然无光。

　　虽然生活是变化无常的，但是人的心理状态具有一种神秘的力量，可以决定生活中的一切。如果你积极乐观，想的都是快乐事情，你就有可能获得快乐；如果你悲观消极，想的都是悲伤的事情，你就会情绪低落；如果你想到一些可怕的情况，你就会害怕；如果你想的都是失败，你就会失败。有什么样的心态，就可能会承受什么样的结果，所以，如果你想高兴开心地过好每一天，那么你要学会用积极的心态来指挥你的思想，面对你的生活。

好好地活下去

对于平常百姓来说，珍惜生命，让自己好好地活下去，就是一种幸福。当我们站在野草丛生的墓地前，俯视那些长眠于墓中的逝者，静谧而忧伤的环境或许能给你带来一些启示。很多时候，生命烛火的熄灭就像踩死一只蚂蚁一样容易。对于那些已经逝去的人，我们除了回忆他们的聪明才智、成就贡献以外，更多的就是叹息：如果他们依然活着该有多好！

拥有生命，就可能会拥有一切，无论遇到什么问题，只要生命不止，就会想到解决的办法。如果我们这样想，便会觉得活着是一种美丽，是一种幸福，便会觉得生命中的每一分钟，

每一秒都充满意义，值得庆贺。然而，我们也不得不面对这样一个事实：生命是脆弱的。所以，我们一定要珍爱生命，用我们活着的权利去享受幸福！

也许没有人可以说得清到底什么是生命，也没有人知道生命的力量究竟有多大，我们唯一知道的就是生命是脆弱的，是值得珍惜和善待的！人生七十古来稀，三分之一要睡去，可见，人的一生，只有短短几十年，而且在这几十年中，不是所有人都可以平安幸福地度过，有的人要遭受种种的磨难，很可能一瞬间一切都化为乌有。我们的生命就犹如脆弱的玻璃，需要细心对待。稍不留心，就可能会支离破碎，难以复原。

生命是可贵的，我们必须要学会珍惜。

罗女士在一家保险公司工作，去年年底，罗女士生第二个孩子的时候，因早产而大出血险些送命。当她与死神擦肩而过，在病床上苏醒过来时，她领悟到生命的可贵、生活的价值。她对亲人说："佛珠上那些发亮的珠子有的是幸福和快乐，有的是不幸福和快乐，有的是不幸和痛苦，人的一生就是这样一颗一颗数过去的……每当我遇到不顺心的事，我总是在心里大声对自己说：'这就是生活！'当我在地狱门前徘徊的

时候，我是多么渴望能回到生活里来！"

由此可见，与死神进行过搏斗的人，更知道生命的可贵，也更知道活着的幸福和快乐。而那些从来也不思考的人不会去在意自己的生命。在报纸上，经常可以看到各种自杀的新闻，而且尤其以年轻人居多，还没有开放的花就已经提早凋谢了，这留给人们的只能是沉痛，那些自杀的人知不知道在他们后边还会有人哭泣呢？他们知不知道生命不是只属于自己，一个人不只为自己而活，还为了身边的人。

因为缺少对生命的珍惜和敬畏，缺少对生命的爱护和尊重，所以才会有那么多夭折的花朵。死亡是对漠视生命者的惩戒。只有我们每一个人都有了对生命的敬畏，生命才不会被漠视，生命之花才能开放。

我们的生命是宝贵又脆弱的，我们的生命只有一次，如果你不去珍惜，你将永远都无法感受生命的美好和意义。因此，爱惜你的生命，对它保持着敬畏的态度吧。只有当你能够热爱你的生命之时，你才能得到随着生命将要来到你的身边的一切。

下边是汪国真的《热爱生命》，奉于大家一起欣赏：

我不去想是否能够成功

既然选择了远方

便只顾风雨兼程

我不去想能否赢得爱情

既然钟情于玫瑰

就勇敢地吐露真诚

我不去想身后会不会袭来寒风冷雨

既然目标是地平线

留给世界的只能是背影

我不去想未来是平坦还是泥泞

只要热爱生命

一切，都在意料中

生命是我们一生中最宝贵的财富。我们一定要让爱为生命画上美丽的彩妆，让大家真正地感觉到生命很宝贵。热爱生命，关爱生命，对我们的生活尤为重要。

真正的快乐是什么

人生究竟是快乐还是不快乐，纯粹是一种习惯性的看法。我们一旦习惯看到人生的黑暗面，就会刻意去寻找黑暗的那一面而忽略光亮的一面，我们自然地就被消极的世界所包围，无法感受到快乐的存在。

你的人生会怎样，主要就看你自己怎么看，快乐与悲伤都需要自己去演绎。如果你接受自己所有的缺憾，接受这份不完整的生命赐予，那么你就能快乐的生活。我觉得，一个人懂得宽恕，就更容易获得快乐。如果你带着恨意和不满，你就无法快乐。错误和失败是人生的必须课，除了你自己之外，没有人

能为你承担这些。宽恕自己，宽恕他人，这样你才能获得最大的快乐。

根据科学家的研究发现，身边拥有家人和朋友的人，比较快乐，而且他们的生活总是充满欢声笑语。他们不关心自己是否能跟得上富有的邻居的脚步，而且最重要的是，他们有一颗宽容的心，他们似乎可以善待所有人。

自从科学家展开对快乐的研究后，如何使人们高兴的谜底已经渐渐揭开。20世纪90年代中期，科学杂志公布了100项关于悲伤的研究，希望能够帮助那些研究快乐的人。

宾夕法尼亚州大学的心理学家马丁·塞里曼说："现在正在萌芽的'积极心理学'运动正在迅速缩短悲伤和快乐研究之间的距离。'积极心理学'运动强调的是人们的勇气和才能，而不是弱点。"

当然，虽然塞里曼已经出版了《真正的快乐》一书，但是他和其他专家在这方面的研究目前还属于初级阶段，但他们已经开始明白为什么有的人很少感到孤单。他们追求个人成长和与别人建立亲密关系；他们以自己的标准来衡量自己，从来不管别人做什么或拥有什么。

伊利诺斯州大学的心理学家爱德·迪恩纳说："对于快乐

来说，物质主义是一种毒品。"

如果我们的生活被过多的物质限制住了，那么我们将很难得到真正的快乐。当然，并不是说没有物质就不会快乐，有很多人，即使他们是富有的物质主义者也并没有因此感到些许快乐。

爱德说："因为12月的节日是以家人、朋友为中心的，而那些不快乐的人在生活中，时不时地冷落了这些东西，在这个时候他们就会备感孤单。爱德还认为，如果经常与炫富的邻居做比较，这将会是不高兴的开始。"

密歇根州大学的心理学家克里斯托费·皮特森认为，宽容与快乐紧紧相连，"宽容是所有美德中的王后，也是最难拥有的"，健康不是快乐的重要因素。

此外，还有科学家曾指出，一个人追求快乐的水平有一半是遗传的。有些人总是往好的一面看，即使他们在12月时失业了。但是有些人总是朝坏的方面看，一整年都生活在黑暗之中，他们也说不出到底是为什么。

对于高兴，每个人都有自己一个"固定点"，就像人们定义的标准体重那样。人们可以放大或缩小幸福的感觉，但是他们不能过度偏离自己那个"固定点"。不仅如此，更不要去尝

试预测快乐。人类是不善于预测快乐的。研究表明，人们并不十分善于预测什么将会使自己快乐。即使是快乐方面的专家塞里曼，也是如此。塞里曼说自己已经有两个孩子了，不想再要了。但是他的妻子却非常迷恋生下来的孩子，他自己也不知道为什么会这样。

说到底，其实快乐还在于我们生活中的把握。一种好的感觉并不像人们想的那样只存在于头脑中，也表现在行为上。为了实现你生命中真正的快乐，你不如尝试以下几种方法：

1.善于利用"信念的力量"

每个人都有"信念的力量"，而懂得追求快乐的人就会利用它。"信念力量"会使你做出令别人感到奇怪的选择，但是你将会最终得到满足。

2.保持感激的心情

心理学家认为，感激的心情与生活满足也有很大关系。新的研究显示，把自己感激的事物说出来和写出来能够扩大一个成年人的快乐。其他研究学者指出学会品尝即使是很小的快乐也有同样的效果。

3.不要太在乎物质

同时，有证明显示无私的行为能够增加别人的快乐。崇

高简单的生活，反对商业主义的新美国梦想中心的主席伊丽莎白·泰勒对此丝毫不感到奇怪，"即使是在假日时，也要牢记无私，我们的格言是'多点儿娱乐，少点儿物质'，要为别人服务"。

4.学会顺其自然

通常当人们在参加一些非常有趣的活动，达到忘我的程度时，生活的满足就会出现，因为这时他们已经忘了时间，也忘记了一切忧愁。心理学家彻斯特把这一现象称为"顺其自然"。

彻斯特认为，在生命的流程中，人们也许正处于棘手的事件，也许正在做脑部手术、玩乐器或者是和孩子一起解决难题。而其中的影响都是一样的：生命中许多活动的流程就是生命中的满足。你不必加快脚步到达终点，顺其自然就可以。

如果在生活中，你可以保持以上四种生活态度，那么你就可以过得舒心、快乐、幸福。无论是家的温暖、与亲人的感情还是人际交往，以及令人向往的爱情等任何方面，只要你想做得完美，你就要有一个优质的生活观念和态度，由它来引领你走向成功的彼岸。

珍惜生命

这是一个无限庞大的世界，在这里，我们不仅仅是为了生存，我们是人，我们有灵魂，有思想，我们有梦想，有渴望，我们有很多驿动的心情需要释放，我们需要在这里扬帆起航，实现自己心中所想。我们知道，在不断追求的旅途中一定有急流险滩、闪电雷鸣、暗礁、荆棘等候着我们。但是，我们也知道，人有悲欢离合，月有阴晴圆缺，我们必须学会承受那些失去和不愉快，珍惜手中的拥有。

人生，有生就有死。这是定数，没有人可以改变。万物都有定时。除了生死，人，哭有时，笑有时；相守有时，分离有

时；幸福有时，失落有时；栽种有时，采摘所种之物亦有时；拆毁有时，建造有时；撕裂有时，补漏；静默有时，言语有时；喜爱有时，恨恶有时；战争有时，和平有时。我们就是在这样一个充满定数，但是又有很多变数的世界上生存。

生活是变化无常的，也许今天我们还拥有幸福，明天也许就面临着意想不到的灾难和风雨，现实有时候是一个无情的世界，处处充满了危机与陷阱，也许我们已经非常谨慎，但生活总是依然会给我们开一些或大或小的玩笑，让我们哭笑不得，无所适从。

那么，我们如何面对上帝跟我们开的玩笑呢？是任由命运的摆弄，让上帝看我们哭泣？还是忍着眼泪告诉上帝我不怕你？有的人也许会选择前者，因为除了哭泣别无选择，但也有人会选择后者，跟上帝开个玩笑：告诉他痛苦没有什么大不了的。

一个敢跟上帝开玩笑的人，一定是一个有着平常心的人，一个把任何痛苦都看得淡如云烟的人，一个豁达、自信的人。在他的生活中，他看到的永远都是自己拥有的，而不是自己没有的。

黄美廉是一位自小就得上脑性麻痹的病人。脑性麻痹夺去了她肢体的平衡感也夺走了她发声讲话的能力。从小她就活在

诸多肢体不便及众多异样的眼光中。她的成长充满了血泪。

尽管命运跟她开了一个玩笑，但是她没有让这些外在的痛苦击败她内在奋斗的精神。她昂然面对一切困难和挫折，告诉人"寰宇之力"与美，并且灿烂地"活出生命的色彩"。

她站在台上，不时无规律地挥舞着她的双手；仰着头，脖子伸得好长好长与她尖尖的下巴扯成一条直线；她的嘴张着，眼睛眯成一条线，看着台下的学生；偶然她口中也会咿咿唔唔的，不知在说些什么。基本上她是一个不会说话的人，但是，她的听力很好，只要对方猜中或说出她的意见，她就会乐得大叫一声，伸出右手，用两个指头指着你，或者拍着手，歪歪斜斜地向你走来，送给你一张用她的画制作的明信片。

"请问黄博士"，有人问她："你从小就长成这个样子，你是怎么看你自己的？你有没有怨恨过？"

"怎么看自己？"美廉用粉笔在黑板上重重地写下这几个字。

她写字时用力极猛，有力透纸背的气势，写完这个问题她停下笔来歪着头，回头看着发问的同学，然后嫣然一笑，回过

头来，在黑板上龙飞凤舞地写了起来：

我好可爱！

我的腿很长很美！

爸爸妈妈这么爱我！

上帝这么爱我！

我会画画！我会写稿！

我有只可爱的猫！

所有听到她这么说的人都沉默了，面对众人的沉默，她在黑板上写下了她的结论："我只看我所有的，不看我没有的。"

我们会看到在她的脸上，有一种永远也不被击败的傲然。

无独有偶。

在纽约市中心办公大楼里，有一个开货梯的人，由于一次意外，他的左手齐腕被砍断了。一天，有人问他会不会因为少了那只手觉得难过，他说："不会，我根本就不会想到它。只有在要穿针引线的时候，才会想起这件事情来。"

其实，当我们降生到这个世界上，命运就平等地赋予我们每个人这样或那样的优点和缺点。如果我们要做一个富有个性和追求快乐的人，我们就要宽容地对待自己，喜欢自己的优

点，宽容自己的缺陷，保持自己的本色，依照自己的条件去充分发挥，这样我们就可以摆脱自卑的阴影，享受到许多从未想过的幸福，让自己的人生变得与众不同，甚至可以取得伟大的成功。

你就是你自己，不要埋怨，也无须强求，因为这世界上根本就没什么完人。做大事做小事都必须有真正的自己，把自己搞成假钞票，就没有价值了。换言之，我们的价值是由我们自己认定的，如果你觉得自己是一块宝玉，那么真正认识宝玉的人就会认识你，珍惜你，将你打磨到最好的状态，并且用最美丽的盒子包装你，将你卖给最值得拥有你的人。你的价值就会在那一刻得到最完美的体现。

但是我们也要知道，事物的价值是随时变化的，要看它处于什么位置，为哪些人所评价。也许现在的你一事无成，平平庸庸，但是没有关系，只要看到自己的闪光之处，并竭尽全力发挥它，那么你就一定会有光彩照人的一天。

因此，请珍惜自己，疼爱自己，那样我们才会获得更多的快乐和满足。另外，喜欢自己，在一种快乐的心境中释放我们的心情，我们也能体会到心灵世界深处的那份宁静和美好。

第六章

清除心中的杂念

锁住内心的浮躁

我们的心灵需要我们自己主宰，最好的方法就是让心静下来。而且，大凡取得成功的人，他们每天都把静心当作自己的必修课。正因为他们有了这样的行为方式，所以他们明白，静心的力量是非常强大的。

静心能够平息你的心，能够帮助你控制思想，并且让身体恢复活力。最令人难以置信的是，你无须特意找一些时间来静心，刚开始只要每天坚持3~10分钟，你就会在控制思想上产生不可思议的效果。

也许世界的变化太快，不知不觉中人与人之间变得陌生，

变得多疑。让自己的心平静下来，不要让浮躁操纵了我们的内心世界，我们或许就能对别人有几分理解，人与人之间的距离也会在不知不觉中消失。

在一次招聘会上，一个招聘单位收到的84份大学毕业生自荐表中，发现有5人同时为同一学校的学生会主席，6人同时为同校同班的"品学兼优"的班长。但是走进大学校园里调查一下，发现有人把别人的英语等级考试证书、计算机等级考试证书、奖学金证书、优秀学生干部奖状以及发表过的文章，改头换面复印，就变成了自己的"辉煌经历"……更有甚者，有的女大学毕业生为了吸引用人单位的注意，以期能够被录用，竟然将自己的简历搞成了豪华本的艺术图片集。

当用人单位面对这些五花八门的面试简历，慨叹"现在的大学生真的很浮躁"时，反过来想一想，用人单位难道就不浮躁吗？要人就要塔尖上的人才，要求一到单位就能文能武，十八般武艺样样精通，最好能够马上创造出效益，对于求职者来说，提那么高、那么偏的要求，那不是逼着他们为自己涂脂抹粉、造假注水吗？否则，他们何时才能找到一份可以养活自己的工作呢？

　　说到这里，我又想到了高考。应该说，高考语文的作文比较能折射当今社会的普遍心态。记得某一年的高考命题作文是《假如记忆可以移植》，这是当今社会很多年轻人的梦想，要是不用费劲就能一下子变聪明就好了，头脑发热中，大家都忘记了从量变到质变的道理，宁愿相信立竿见影。他们甚至渴望科学家们能发明"知识注射液"，在数秒钟内使自己成为天才，这与人们的焦灼与浮躁有很密切的关系。

　　我们还可以从社会生活的各个侧面来看一下，浮躁的心态无时不在，无处不在，有精心制造"皇帝的新衣"的浮躁，有"移花接木""经济实惠"的浮躁，更有"信手拈来，一挥而就"的浮躁。

　　这种浮躁具体到每个人身上时，不外乎是这样的表现：做事情三心二意、朝三暮四、浅尝辄止；或是东一榔头西一棒槌，既要鱼，也要熊掌；或是这山望着那山高，静不下心来，经不住诱惑，耐不得寂寞，稍不如意就轻易放弃，从来不肯为一件事倾尽全力。但究其实质，体现的就是急于求成、渴望结果的一种心态。

　　现代社会是一个充满诱惑的时代，物欲横流、香车美女、豪宅别墅，抵制诱惑需要非一般的定力。然而，在这个流光溢

彩的大千世界里，人们似乎都难以抑制那颗骚动的心，各种诱惑都在簇拥着你义无反顾地冲向前面。这种种的诱惑中有虚无缥缈的名，有金光闪闪的利。这令人眼花缭乱的名利，是让人浮躁的根源。

我们是凡人，不可能对诱惑完全无动于衷。但是，当我们面对纷繁复杂的诱惑，需要我们做出选择的时候，我们是沦为名利的奴仆，还是面对真实的自我？如果我们头脑发热地被名利牵引，那我们就禁不住浮躁会被浮躁锁住。

心理学家认为焦灼与浮躁，通常是动机水平和焦虑程度过高的表现。图安逸、避劳神，敷衍塞责，惰性膨胀，怀着浮躁的心态走得远了，很容易导致理性的迷失，渐变为一种病态的人格。俗话说：欲速则不达。

所以，心理学家提醒人们成就某事的动机水平和焦虑程度以适度为宜。任何事情都有其规律和顺序。人生宏大的目标应当以累积诸多小目标为基础。当我们被烦恼困扰时，重要而关键的是赶快高速自己心灵的镜头焦点，排遣出心中的郁闷，让浮躁的沙砾沉淀下来。

在现代社会中，给自己浮躁的心一点儿清凉，并不是要锁住我们奋发向上的雄心，而是要锁住我们永不知足的贪欲；锁

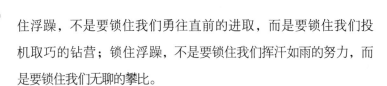

住浮躁，不是要锁住我们勇往直前的进取，而是要锁住我们投机取巧的钻营；锁住浮躁，不是要锁住我们挥汗如雨的努力，而是要锁住我们无聊的攀比。

在我们整个的生命旅程中，如果我们不能控制浮躁，人与人之间的距离就会慢慢地变大，只有让我们的心始终在平和中度过，我们的生命才会变得更加丰富多彩。没有人希望自己的一生是在平淡无奇、庸庸碌碌中度过，那样似乎总觉得枉来人间走一趟。

当然，要想锁住浮躁，就需要我们有一种成大事的决心和旷日持久的恒心，这是一种内心的修炼，更是一种定力，需要我们长久地坚持。人的一生看似漫长，其实非常短暂，我们只有在短短的人生之旅中锁住了浮躁，才能战胜人生路上的一大劲敌。从而在这个基础上，我们就将一路披荆斩棘，慢慢成长，不断为人生赢得更大的辉煌和成功。

扫净心中的杂念

　　人都是有杂念和欲望的，很多时候，利欲与浮躁是人心灵的珠丝网，让很多人因图一己之欲而贪赃枉法，见利忘义，慷国家之慨，饱自己私囊。有多少人利用不义之财，挥霍无度，放浪形骸，昏昏然，飘飘然，而最终落得身败名裂，锒铛入狱，成为令人不齿的罪人。他们被熏心的利欲吞食，给自己及家人造成无法解脱的压力。因此，我们应该绕开物欲与浮躁，带着一颗清清静静的心走完人生。

　　心性浮躁不是谁的错，但是我们至少应该明白，天堂里万

般皆乐，地狱里万般皆苦，唯有在居于二者之间的地球上的我们才能苦乐皆具。我们生活在两个极端领域之间的地方，这里祸福无常，人不可能永远幸福，亦不可能终身受苦，只要我们学会闭上眼睛，学会等待，生活就会为我们呈现另一番景象。

诗人之所为诗人，是因为他们的眼睛和心灵不同于其他人。下面是台湾的一个著名诗人讲的自己的亲身经历：

我是在火车上遇见他的，他是位英俊少年，我是穿白毛衣的孤身少女。他的面前堆着很多金灿灿的橘子。我很渴，可我买不到水果和饮料。我把脸扭向窗外。

"这橘子还真不错。"我听见他对我自言自语。我知道他是希望我能接上话，然后顺理成章地给我橘子。可万一他是人贩子、万一是道貌岸然的流氓、万一他居心不良在拿我开涮……我闭上眼睛。

他该下车了。橘子仍耀眼地堆在那儿。

"你的橘子！"我喊。

"帮我把它们'枪毙'了吧。"他笑道，"我的行李够重了。"

又过了两站，我下了车。正匆匆地在站台上走着，忽然听

到有人问："橘子好吃吗？"

我回头一看，少年正坐在另一节车厢的窗旁，没有下车。

这就是说，生活永远不会因为你的原因而改变自己原有的运行规律。有时候等待是一种生命的过程，是一种必经的考验，一味地急于求成，往往只会事与愿违。在生活面前我们能做的就是心平气和地去享受生活给予我们的一切。该来的终究会来。

从前有个年轻的农夫，他要与情人约会。小伙子性急，来得太早，又不会等待。他无心欣赏那明媚的阳光、迷人的春天和娇艳的花朵，却急躁不安，一头倒在大树下长吁短叹。

忽然，他面前出现了一个侏儒。

"我知道你为什么闷闷不乐，"侏儒说，"拿着这纽扣，把它缝在衣服上。你要遇着不得不等待的时候，只消将这纽扣向右一转，你就能跳过时间，要多远有多远。"

这倒合小伙子的胃口。他握着纽扣，试着一转，啊，情人已经出现在眼前，还朝着他笑送秋波呢！真棒啊，他心里想，要是现在就举行婚礼，那就更棒了。他又转了一下，隆重的婚礼，丰盛的酒席，他和情人并肩而坐，周围管乐齐鸣，悠扬醉人。他抬起头，盯着妻子的眸子，又想，现在要是只有我俩该多好！他悄悄转了一下纽扣，立时夜阑人静……他心中的愿望层出不穷：我要座房子。他转动着纽扣，夏天和房子一下子飞到他眼前，房子宽敞明亮，迎接主人。我们还缺几个孩子，他又迫不及待，使劲转一下纽扣，日月如梭，顿时已儿女成群。

至此，他再没有要为之而转动纽扣的事了。回首往日，他不胜追悔自己的性急失算，不愿等待，一味追求满足眼下，因为生命已风烛残年，他才醒悟，即使等待，在生活中亦有其意义，唯有如此，愿望的满足才更令人高兴。

此时，他多么想希望时间可以倒流啊！他从梦中醒来，睁开眼，自己还在那生机勃勃的树下等着可爱的情人，然而现在他已学会了等待。一切焦躁不安已烟消云散。他平心静气地看着蔚蓝的天空，听着悦耳的鸟语，逗着草丛里的甲虫。此时，对他来说，等待是一种莫大的快乐。

人活一世，每个人都希望可以活得精彩灿烂，人们不能甘于等待，也不甘于平淡，然而往往越是有太多想法和欲望，才让人们止住了前进的脚步。太多的诱惑，比如金钱、妻女成群、豪华的享受等，这些杂念牢牢地束缚住了人们，在没有感

受到快乐的时候，烦恼和痛苦就已经随之而来，因此，一个人只有先扫清自己心理的杂念，才有可能获得真正的自由。

有两个人得到了仙人的真传，可以将喜马拉雅山上纯净的雪水和上好的材料浸泡成一壶酒，封在酒坛子里七七四十九天，等到第五十天清晨的三遍鸡啼后打开，便可得佳酿。

为了得此佳酿，这两个人寸步不离地守在酒壶旁，度过了四十九个日日夜夜。终于熬到了第五十天清晨，第一遍鸡啼、第二遍，接着便是等待第三遍鸡啼，虽然只是一会儿工夫，但是却像几十年那么长。

第一个人实在忍不住了，迫不及待地撕掉壶嘴上的封条往里面一看，立即惊呆了。原来，他得到了并不是什么仙露琼浆，而是一汪青色的酸水。

这时，第三遍鸡啼过了，第二个人打开了瓶子，终于得到了千古难求的佳酿。

第一个人肯定很难过，50天的漫长都已经熬过了，但是就因为太心急，急于一时，最后全都化为乌有了。如果再给他一次机会，真希望他能坚持到第三遍鸡啼之后。

"谁笑到最后，谁就是真正的胜利者。"其实，等待也是坚持不懈的一种表现。很多时候成功的秘诀很简单，它并不在于个人的天资是否聪慧、是否有谋略、是否有勇气，而在于能不能坚持到最后一秒。所谓"坚持就是胜利"，有的时候仅仅是几秒钟，就可能与成功擦肩而过。比如那第一个心急的人。

　　生活是有规律的，需要等待的时候，你最好心无杂念，耐心地等下去。

驾驭自己的心境

　　我们的生活看似千头万绪，变幻无常，实则并非受制于各种不确定的偶然性，它是受必然的规律制约的，它总是处于一种相对稳定的状态。这种稳定的状态，说白了，就是我们如何去正确驾驭自己的心境。也就是说，只要我们遵从这个定律，我们就可以很容易地获得想要的结果。下面是一个非常具有代表性的案例，能让我们对此规律深信不疑。

　　米基·坎特是纽约的一个公共汽车司机。

　　虽然很多人都会因为纽约快节奏的生活感到不适应甚至压抑，但是他总能面露微笑地向每一个乘客打招呼，真正做到开

心生活，快乐工作。

公共汽车在市内交通繁忙的街道上慢慢前行，他会不断声情并茂地介绍：那家商店正在举行惊人大减价……这所博物馆有精彩的展览……下个街区那家戏院刚上映的电影你们听说过没有？乘客下车时，人人都不再绷着脸孔。米基·坎特大声说："再见，祝你今天过得开心！大家都报以微笑。"

米基·坎特为什么能够将自己的心境控制得这么好呢？从心理学角度来说，因为他的情商高，能够很好地调节自己的情绪。

有一位心理学家为了让大家能够正确地驾驭自己的心境，并能有效控制自己的情绪，为我们列举了以下一些方法：

1. 自我激发开朗的思想

有建设性的自我激发、鼓起热诚、干劲和信心是争取成就所必须的。一位心理学家对奥运选手、世界音乐家和国际象棋大师做过研究，发现这些杰出人物有个共同特征：能激发自己苦练不辍。

要激发自己去争取成就，首先要有明确的目标，以及"天下无难事"的乐观态度。心理学家马田·实力曼建议都市人寿保险公司雇用一批在普通才能测试中不及格，但是非常乐观的

求职者，然后拿他们和那些在才能测验中及格，但是非常悲观的保险推销员互相比较。结果他发现，乐观组在第一年的业绩比悲观组高21%，第二年更多出57%。

悲观的人遭人拒绝时，可能自怨自艾："我是个失败者，会一辈子都做不成一宗买卖。"乐观的人则会这样自我开解："也许我用错了方法。"或者："碰巧那顾客心情不好。"乐观的人把失败归咎于客观环境而不是他们自己，从而激励自己继续努力。

你为人是乐观还是悲观，也许是天生的，但只要肯努力练习，悲观的人就能学会思想比较开阔。心理学家的研究证明，如果你一发现自己有消极、自暴自弃的思想就把它控制住，你便能把情况重新评断，觉得还不至于太糟。

2. 培养自我觉察的能力

即使某种感觉一产生你就能觉察到。这种能力是情感智能的主要成分。对自己的情绪了解得比较清楚的人，比较善于驾驭自己的人生。

要培养自我觉察的能力，首先需要认识自己的直觉——神经学家安东尼奥·达梅斯奥在他的著作《笛卡尔的谬误》中所谓的"身体标记"。直觉会在不知不觉中产生，例如给怕蛇的人看蛇的照片时，即使他们说不觉得怕，放在他们皮肤上的传感器却会探测到汗，而出汗是焦急的表现。就算只是把照片在他们眼前一晃，他们根本不知道自己看见的是什么，一样会出汗。

只要努力练习，我们就能对自己的直觉有更敏锐的觉察力。例如，有个人遇到了不如意的事，懊恼了几个小时。他也许不知道自己急躁不安，直到有人提醒，才哑然发觉。要是他能觉察自己的反应，就能尽早控制自己的情绪。

3. 为了达到目标而抑制冲动

能否自我调节情绪的一个要素，是要能够为了达到目标而抑制冲动。

心理学家瓦尔特·米斯切尔1960年开始在斯坦福大学一所幼儿园内做实验，证明了这种能力对成功的重要性。

在实验中，研究人员告诉小朋友，他们可以立即拿走一粒果汁软糖，但如果他们能等到研究人员做完一些事情，就可以拿两粒。有些小朋友立即就拿了，其余的却在那里等了对他们来说漫长的20分钟。为了帮助自己抑制冲动，有些孩子闭上眼睛不看眼前的诱惑，有些则把头枕在手臂上，或者自言自语、唱歌、甚至睡觉。这些坚强的孩子都得到了两粒果汁软糖。

这项实验更令人感兴趣的部分是后来的后续调查。那些4岁的就能为了要多拿一粒糖而等待20分钟的孩子，到了少年时，照样能够为了达到目标而暂时压抑心中的喜好。他们待人处事比较成熟，比较果断，也比较善于克服人生中的挫折。相反地，那些着急拿一粒糖的孩子到了青少年阶段，大多数比较固执、优柔寡断和容易精神紧张。

抑制冲动的能力是可以锻炼出来的。当你面对诱惑，要提醒自己不要忘记了你的长远目标，例如减肥或考取医学学位。这样你就比较容易自制，不会去拿那一粒果汁软糖了。

4. 正确地驾驭心情

情绪上自我觉察的能力是培养情感智能的另一项要素，那就是赶走坏心情。跟好心情一样，坏心情也能为生活增添趣味，形成一个人的性格。

我们情绪激动时，往往不能自控。但是我们能决定让这种情绪左右多久。美国心理学家黛安·泰丝访问过400多名男女，问他们用什么方法摆脱不好的心情。她这项研究结果给我们提供了宝贵的资料，教人如何驱走坏心情。

大家都想避免的各种心情之中，愤怒似乎最难应付。公路上有辆汽车突然插到你车子前方，你的即时反应可能是心里暗骂："这个浑蛋！差点儿就撞到我！我可不会让你就这样跑掉！"你越这样想就越生气，可能因而失去理智，鲁莽驾驶。

怎样才能使自己不愤怒呢？有一个怪论说，发泄能令你觉得舒服些。然而，研究人员发现这是最糟的做法。勃然大怒会刺激脑部活动活跃起来，令你怒气更增，而不会平息。

有一个比较有效的方法，那就是"重新评断"，即自觉地用比较积极的角度去重新看一件事。就以那个突然插到你前面的司机为例，你可以告诉自己："他也许有急事。"这是极有效的止怒方法。

另一个有效办法是独自走开，去让自己冷静下来。如果你气得已无法清醒地思考，冷静一下尤其有用。大部分男人出去开车兜风之后，就能恢复心平气和——这个事实也使她领悟到驾车时须更加提防别的司机。

还有一种比较安全的方法——运动，例如，去散步一段时间。无论你用哪一种方法，切记不要再去想那些令你生气的事。你的目标应是把心思转到别的事情上去。

泰丝说："祈祷也能疏解不好的心情。"当然，据我的切身体验，深呼吸和冥想也是对付坏心情的有效武器。

摆脱灰暗的心境

　　心理学家为我们指出，一个灰暗心境的人，当他面遇失败，并为此寻找各种借口和原因时，往往会埋怨社会、制度、人生、个人运气不好。这样的人，对于别人的成功与幸福，总是愤愤不平，因为在他看来，别人的幸福和快乐就证明生活让他受到了不公正的待遇，所以，从这个方面来说，我们或许可以这样认为，那就是，这种人其实是在用所谓不公正、不平等的现象来为自己的失败辩护，使自己感到好过一些。

　　可我们都是活在现实中的人，我们的想法和做法也都要实际一点。作为对失败者的安慰，怨恨是非常不可取的办法，

比生病还糟。怨恨是精神的烈性毒药，它使快乐不能产生，并且使成功的力量逐渐消耗殆尽，最后形成恶性循环，自己并没有多大本领而又非常怨恨别人的人，几乎不可能和同事相处很好。对于由此而来的同事对他的不够尊重或者领导对他工作不当的指责，都会使他加倍地感到愤愤不平。

当然，怨恨也有好处，那就是它可以让人们觉得自己很重要。很多人以"别人对不起我"的感觉来达到异常的满足。从道德层面上来说，那些受害者和那些受到不公正待遇的人，似乎比那些造成不公正的人要高明。

当我们对敌人心怀怨恨时，其实就是付出比对方更大的力量来压倒我们自己，给敌人机会控制我们的睡眠、胃口、血压、健康，甚至破坏我们的心情。如果我们的敌人知道他提高我们自己带给我们如此多的烦恼，他一定非常高兴！怨恨伤不了对方一根汗毛，却把自己弄得遍体鳞伤。

纽约警察局的布告栏上曾写过这样一句话——"如果有个自私的人占了你的便宜，把他从你的朋友名单上除名，但千万不要想去报复。一旦你心存报复，对自己的伤害绝对比对别人的要大得多。"

报复怎么会伤害自己呢？

　　其实，报复不仅可以伤害自己，而且还有很多种方式。

　　怨恨使我们对美食也食不知味。有一句俗语"充满爱意的粗茶淡饭胜过仇恨的山珍海味"说的就是这个道理。

　　敌人应该跟我们恨他一样在恨我们。如果我们不对自己好一点儿，那就等于在帮助敌人对付我们自己。即使我们没办法爱我们的敌人，起码也应该多爱自己一点儿。我们不应该让敌人控制我们的心情、健康以及容貌。莎士比亚说过："仇恨的怒火，将烧伤你自己。"如果因为愤怒让我们将自己灼伤，而让敌人快乐，那我们岂不是很傻？

　　从前有一个人身无分文，急需找到一份工作。因为他能说好几种语言，所以想找个进出口公司担任文书工作。但是他找工作的过程并不顺利，很多人都说目前不需要这种服务等。但是其中有一封回信与众不同，信上说："你对我公司的想象完全是错误的。你实在很愚蠢。我一点儿都不需要文书。即使我真的需要，我也不会雇佣你，你连文字都写不好，而且你的信错误百出。"

　　当他收到这封信的时候气愤不已，暴跳如雷。居然有人说他写不好字，错误百出，他的回信才是错误百出呢。于是这个

人写了一封足够气死对方的信。可是他停下来想了一下，对自己说："等等，我怎么知道他不对呢？我学过写字，但难免出错，也许自己都不知道。如果真是这样的话，我应该再加强学习才能找到工作。这个人可能还帮了我一个忙，虽然他本意并非如此。他表达得虽然糟糕，倒不能抵消我欠他的人情。我决定写一封信感谢他。"

于是，他把宣泄的内容变成了感谢的内容，又重新写了一封工工整整的信。他在信上这样说："你根本不需要文书，还不厌其烦地回信给我，真是太好了。我对贵公司判断错误，实在很抱歉。我写那封信是因为我查询时，别人告诉我你是这一行的领袖。我不知道我的信犯了文法上的错误，我很抱歉并觉得惭愧。我会再努力学好文法，减少错误。我要谢谢你帮助我成长。"

几天后，他又收到回信，对方请他去办公室见面。他如约前往，并得到了工作。他给自己找到了一个方法："以柔和驱退愤怒。"

我们都是普通人，我们中很少有人可以像圣人一样去爱我们的敌人，但为了我们自己的健康与快乐，我们最好能原谅他

们并忘记他们，这样才是明智之举。所以，我们不妨记住这段话：爱你的敌人，祝福那些诅咒你的人，善待仇恨你的人，并为迫害你的人祈祷。

怨恨的结果是塑造劣等的自我意象。也就是说，怨恨不是解决问题的好方法，因为它很快就会转变成一种习惯情绪的。一个习惯于觉得自己是不公平的受害者时，就会定位在受害者的角色上，并可能随时寻找外在的借口，即使在最不确定的情况下，听到对最无心的话，他也能很轻易地看到不公平的证据，以此怨恨不已。

怨恨会成为一种习惯，让人学会顾影自怜，而自怜又是最坏的情绪习惯。这个习惯已根深蒂固，如果离开了这个习惯，就会觉得不对劲、不自然，而必须开始去寻找新的不公正的证据。有人说，这类喜欢自恋的怨恨者，只有在苦恼中才会感到适应，他们会把自己想象成一个不快乐的可怜虫或者牺牲者，陷于怨恨的漩涡中不能自拔。

一个有怨恨之心的人，他就不可能把自己想象成自立、自强的人，他就不可能成为自己灵魂的船长、命运的主人。怨恨的人把自己的命运交给别人，把自己的感受和行动交给别人支配，他像乞丐一样依赖别人。若是有人给他快乐，他也会觉得

怨恨，因为对方不是照他希望的方式给的；若是有人永远感激他，而且这种感激是出于欣赏他或承认他的价值，他还会觉得怨恨，因为别人欠他的这些感激的债并没有完全偿还；若是生活不如意，他更会觉得怨恨，因为他觉得生活欠他的太多。

　　我们都想成为一个快乐的人，不愿意成为怨恨的奴隶和仆人，更不愿意成为敌人的帮凶以及扼杀自我的刽子手，所以，我们必须要摆脱怨恨之心，以大度和宽容的胸怀接纳身边的人和事，给自己营造一个平和的、与世无争的心境，让自己可以活得淡然洒脱，幸福快乐。

心有阳光，便能幸福

坦然面对挫折与失败

每个人都想成功，但并不是每个人都可以如愿以偿。成功只属于生活的强者，要做生活的强者，获得事业上的成功，必须战胜人生道路上的艰难险阻，克服各种各样的挫折与坎坷，泥泞的路才能留下脚印，留下辉煌的印迹。

在人生的道路上，不经历风雨、没有起伏的人终究不会有任何收获，因为真正的成功是不会一路平坦的。

当我们经历了人生的风雨坎坷，老了的时候，回想往事，你会发现自己所经历的种种挫折使我们的一生变得如此有意义。正是我们所经历过的种种挫折，给我们留下了如此宝贵的

财富，使我们的人生充满意义，值得回忆。

鉴真和尚刚刚剃度遁入空门时，寺里的住持让他做了一名行脚僧——这是谁都不愿意做的一个位置。

有一天，日上三竿了，鉴真依旧大睡不起。住持很奇怪，推开鉴真的房门，见床边堆了一大堆破破烂烂的芒鞋。住持叫醒鉴真问："你今天不外出化缘，堆这么一堆破芒鞋做什么？"

鉴真打了个哈欠说："别人一年一双芒鞋都穿不破，我刚剃度一年多，就穿烂了这么多的鞋子，我是不是该为庙里节省些鞋子？"

住持一听就明白了，微微一笑地说："昨天夜里下了一场雨，你随我到寺前的路上走走看看吧。"

寺前是一座黄土坡，由于刚下过雨，路面泥泞不堪。

住持拍着鉴真的肩膀说："你是愿意做一天和尚撞一天钟，还是想做一个能光大佛法的名僧。"

住持捻须一笑："你昨天是否在这条路上走过？"鉴真说："当然。"

住持问："你能找到自己的脚印吗？"

鉴真十分不解地说："昨天这路又干又硬，小僧哪能找到自己的脚印？"

住持又笑笑说："今天我俩在这路上走一遭，你能找到你的脚印吗？"

鉴真说："当然能了。"

住持听了，微笑着拍拍鉴真的肩说："泥泞的路才能留下脚印，世上芸芸众生莫不如此。那些一生碌碌无为的人，不经风不沐雨，没有起也没有伏，就像一双脚踩在又坦又硬的大路上，脚步抬起，什么也没有留下，而那些经风沐雨的人，他们在苦难中跋涉不停，就像一双脚行走在泥泞里，他们走远了，但脚印却印证着他们行走的价值。"

正如住持所说的，人的一生绝不可能是一帆风顺的，有人会有成功的喜悦，也有人会有扰人的烦恼、波澜不惊的坦途、布满荆棘的坎坷与险阻。在挫折和磨难面前，畏缩不前的懦夫，奋而前行的是勇者，攻而克之的是英雄。唯有与挫折做不懈抗争的人，才有希望接过成功女神高擎着的橄榄枝。

对于渴望成功的人来说，挫折是惊涛骇浪的大海，你既可以在那里锻炼胆识，磨炼意志，获取宝藏，也有可能因胆怯而后退，甚至被吞没。但是，要想成功，你就要做一个敢于直面挫折坎坷的人。正如鲁迅所说："伟大的心胸应该表现出这样的气概：用笑脸来迎接悲惨的厄运，用百倍的勇气直面一切不幸。"

　　泥土将种子深埋，但是种子只有在泥土之中才能生长，虽然泥土既是它发芽的障碍，但更是它生长的基础和源泉。瀑布迈着勇敢的步伐，在悬崖峭壁前毫不退缩，因山崖的交结碰撞造就了自己生命的壮观。

　　所以我们说，挫折是成功的前奏曲，挫折是成功的磨刀石。因挫折而一蹶不振的人，是生活的弱者；视挫折为人生财富的人，才会勇攀成功的高峰。

　　罗伯特·麦瑞尔，这位已经演出了5000场，曾经为九位美国总统演唱过的美国著名男中音，他那震人魂魄、使人陶醉的美妙歌声，直到今天仍令千万人痴迷。但是很少有人知道，这位赫赫有名，但是在纽约布鲁克林贫民窟长大的小男孩曾经有着严重口吃。天知道他的成功是经过多少次地战胜自己换来的。

　　他在学校读书的时候，他连回答老师的问题都害怕，他回忆说："那时，我最害怕在全班同学面前被提问，只要我知道哪天我该被提问，我那天就逃学，万一我被提问了，我就面对

着全班同学站着回答问题。同学们都嘲笑我。"

当他战胜自己，最终凭借自己的努力站在万人大会场，为歌迷演唱的时候，当他赢得了如雷鸣般的掌声的时候，人们或许只看到了他成功的光鲜亮丽的一面，但是其中的艰辛，无数次的失败，只有他自己知道。

小宋是知青子女，母亲体弱多病，一家四口的生活重担由他父亲一人承担。为了支持他和妹妹上学，父亲曾瞒着家人去卖血。可祸不单行，有一天他父亲因过度疲劳突然卧床不起，没几天就去世了。

家里失去了父亲这个顶梁柱，这对小宋来说，无疑是晴天霹雳。作为长子，生活的重担无可推卸地落在了他的肩上。面对突然而至的灾难，小宋也曾彷徨过、悲伤过，但他并没有被击垮，在政府和身边亲朋好友的共同帮助下，他克服了重重困难，并以优异的成绩考上了大学，最终顺利地完成了学业。

很多时候，看问题需要从不同的角度看，当我们失败时，如果我们可以换一个角度去思考，也许就会走出所谓的失败，走向成功，所以说问题的关键不是失败，而是我们看待失败是怀着一种怎样的心态。

古时候，有一位国王，梦见山崩了、水枯了、花也谢了，便叫王后给他解梦。王后说："大事不好。山崩了指江山要崩；水枯了指民众离心，君是舟，民是水，水枯了，舟也不能行了；花谢了指好景不长了。"国王听后惊出一身冷汗，从此患病，且愈来愈重。

一位大臣要参见国王，国王在病榻上说出他的心事，哪知大臣一听，大臣说："太好了，山崩了指从此天下太平；水枯指真龙现身，国王，你就是真龙天子；花谢了，花谢见果呀！"国王听后，顿感全身轻松，很快大病痊愈。

失败就像一条飞流直下的瀑布，看上去仿佛湍湍急泻、不可阻挡，但是它却挡不住人们的智慧和勇气，人可以让其改变方向，朝着人们期待的目标潺潺而流。当我们面对失败时，我们一定要静下心来，坦然面对，那么在我们从另一个出口走出去时，就有可能看到另一番天地。

第七章

平衡内心世界

拒绝不平衡心理

在生活中，人们会因各种原因或多或少地出现不平衡心理，这种心理对你心境的危害是非常大的。如果处理不好，我们的生活就将时时处于灰暗的心境世界之中，最后不但将自己的一生毁了，而且还会影响身边的人。

我们在这个大千世界中生活，身边每时每刻都会出现各种各样的人，他们有的怯懦、优柔寡断、害羞内向，有的坚强果敢、胸怀大志、热情开朗；有的面对危险过度紧张、焦虑烦躁，有的则是喜欢挑战，迎难而上，并一直是胜者。正所谓千人千面，现实也的确如此，其实，造成人与人之间这种种差别

的原因不是别的，就是受人的心境影响的。

　　每个人的心中都有一个美好的愿望，但并不是每个人都有机会实现它。其实这个世上的事都是很奇怪的，有顺心，也有不如意，没有人会一直顺利下去。其实，无论是顺境还是逆境，只要你用一颗平常心来对待，你就会给自己找到一片快乐的天地。这就是人们常说的，我们无法让社会来适应我们，但我们能通过改变自己去适应社会。我们只有先改变自己，才有可能改造环境。当然，我这么说，并不是说我们对社会与环境束手无策，只能任其摆布，我的意思是我们一定能找到解决问题的办法，最终实现自己的梦想。

　　现实生活中，不平衡的心理在每个人的内心世界都或多或少地存在。朋友做了官、同学发了财、小王换了新车、小李买了别墅……这些，都有意无意地刺激着你，如果你自认为比他们聪明、能干，那么，严重的心理不平衡就会开始在你的心底偷偷作怪了。

　　通常，这种心理上的不平衡会给人们带来严重的影响，它会让人在追求所谓的"公平"和"平衡"中陷入盲目的怪圈，甚至为此脱离道德的约束和限制，做出不理智的选择，最终落得追悔莫及的惨痛结局。

　　如果我们仔细观察，我们会发现身边有那么一种人，自己得到了一点儿利益就兴奋莫名，遭受了损失就捶胸顿足；对待别人则反之。其实这样的人，骨子里就是不健康的，又怎么会有健康的心理呢？如果我们不能自我遏制，则很可能稍不留意就会沉沦，甚至堕落下去，与周围的恶劣环境、卑鄙之人同流合污，去追求所谓的"得到"与"平衡"。最终，断送了自己的一生。

　　郭先生曾是一个政府部门的领导者，为人积极上进，对工作充满热情，而且曾因政绩突出不断受到提拔。但是后来，当他了解到过去的同事、同学、朋友通过各种途径使生活条件都比他好时，他的心里总觉得不是滋味，自认为能力不逊于他们，职位也比他们高，可是为什么钱赚得这么少呢？而且自己大小是一个领导，担子比他们重，责任比他们大，工作也比他们辛苦，经济上却不如他们，他越想心里越是觉得不平衡。最终，他思想上警惕的闸门在不平衡心理的驱动之下终于打开了，他一定要超越他们。从此，在任职期间开始大肆收受贿赂，洪水倾泻而下，一发而不可收拾。最终，郭先生得到了他想要的东西，不但位高权重，而且收入与日俱增，他为此感到

心满意足。可是他高兴得太早了，当他正值春风得意的时候，他的事情败露了，最终因触犯《刑法》成了一名阶下囚。

以上案例告诉我们，不平衡使得一部分人始终处于一种焦躁、矛盾、激愤的状态中，他们满腹牢骚、不愿进取，工作中得过且过、心思不定；甚至铤而走险，玩火焚身，走上危险的道路。

我们常说，通过正当的努力、奋斗去实现人生的自我价值，达到一种新的平衡，是值得称道和庆幸的；可是倘若一味迷失在追求平衡的思想中，并为此变得不择手段，毫无廉耻、丧失道貌岸然、膨胀自私贪欲之心，让身心处于一种失控的状态中，那就不可避免地会产生一些意想不到的可怕后果。由此，你的人生必将陷入一种更大的、难以回旋的逆境之中。

心理上能否获得平衡，关键是看你怀着一种怎样的心态，如果你的心理是阳光的、乐观的，那么即使是乌云满天的日子，你也同样会感受到风和日丽的美好。

罗伯特是美国著名的演说家，他的头秃得很厉害，几乎没有几根头发。在他过60岁生日那天，有许多朋友来给他庆贺生日，妻子悄悄地劝他戴顶帽子。罗伯特却大声说："我的夫人劝我今天戴顶帽子，可是你们不知道光着秃头有多好，我是第

一个知道下雨的人！"正是罗伯特这种心态平和的话，一下子使聚会的气氛变得轻松起来。

　　人一旦有了不平衡的心理，就会产生一种看不起自己的心理因素。往往不平衡心理越强的人，他的这种心理因素就会使他的生活越来越糟糕。而那些心理平衡的人，即使他身上存在着这样那样的缺陷，也不会影响他的生活。反之，他会对自己的生活依然满怀信心，充满期许。

找到心态的平衡点

在这个喧嚣的世界里，我们每个人都渴望获得心灵的平衡。"不以物喜，不以己悲"，这是一种宠辱不惊，达观超然的心态，这种心态可以让我们专注于自己的目标，不会因为一时得失而前功尽弃。找好自己心态的平衡点，我们才会获得更自在，更快乐。

有时候，失去不一定就意味着损失，失去也可能是一种获得。人生在世，有得就有失，有盈就有亏。有人说得好：得到了名人的声誉，就可能失去了普通人的自由；得到了巨额的财富，就可能失去了安枕而眠的自在；得到了生意的红火，就可能失去了大量的时间。总之，如果我们每个人都去认真思考一下自己的得与失，就不难发现，失去与得到永远都是成正比的。

汉代司马相如所著的《谏猎书》有云："明者远见于未萌，而智者避危于示未形。"这也正是越王勾践十年"卧薪尝胆"的最佳诠释。

春秋时期，吴国军队把越国的军队打得落花流水，越王勾践被迫放弃了王位和自己的国家，忍辱负重，给吴王夫差当了奴仆。三年以后，勾践被释放回国，他立志洗雪国耻、发愤图强，每天睡在草堆上，吃饭前先尝苦胆的滋味，以不忘亡国之耻。公元前473年，勾践率令大军灭了吴国，做了春秋时期最后的一个霸主。

后人对勾践的精神崇拜不已，我们学习他，从他的身上汲取与逆境抗争的勇气和力量。因为我们知道，在现实生活中，我们也需要有一种敢于失去的智能。当你与人发生矛盾或冲突时，也许不是什么原则性的问题，所以你完全可以放弃争强好胜的心理，甚至甘拜下风，就可能化干戈为玉帛，避免两败俱伤；当你在家庭生活中发生摩擦时，放弃争执，保持缄默，就可以唤起对方的恻隐之心，使家庭保持和睦温馨。

　　有时候，不计较那么多，放过对方，也是在成全自己。人，贵在怀有一颗宽容之心。

　　以前有一位国王，他缺手断腿，但他很爱面子。他很想将他那副尊容画下来，留给后代子民瞻仰，于是就派人请来全国最好的画家。

　　那个画家的技术确是第一流的，画得很逼真，栩栩如生，把国王的所有特点都很传神地刻画了下来，但是，国王看了之后却不是很高兴，反而难过地说："我这么一副残缺相，怎么传得下去！"一怒之下，就把这位画家给杀了。

　　于是，又请来第二位画家，因有前车之鉴，第二位画家不敢据实作画，就把他画得圆满无缺，把缺的手补上去，把断的腿补上去，国王看了之后更难过，生气地说："这个不是我，你在讽刺我。"这样第二个画家也被杀了。

　　后来，国王又请来了第三个画家，第三个画家怎么办呢？写实派的给宰了，完美派的又给宰了，他想了好久，突然急中生智，画他单腿跪下闭住一只眼睛瞄准射击，把他的优点全部暴露，把他的缺点全部掩盖，这就叫作"隐恶扬善"。国王看了，心满意足地笑了，好好地奖赏了第三个画家。

　　由此可见，拍马屁也不容易，要拍到痒处。这好像是一个笑话，其实在告诉我们要"隐恶扬善"，要多讲人家好的那一面。

　　贬斥别人是错误的，表面上你贬斥别人好像占了便宜，其实错了，得失都是一样，有得就有失，得就是失，失就是得，所以一个人到最高的境界，应该无得无失，但是人们非常可怜，都是患得患失，未得患得，既得患失。我们的心，就像钟摆一样，得失、得失，就这么摇摆，非常痛苦。塞翁失马，焉知祸福呢？所以，我总觉得只要我们有一颗平衡的心境，我们就能活得非常的自在，就会对自己的所得与所失无谓了，也就不会在意别人对自己的看法了。

　　下面是唐代的两位智者寒山与拾得（实际上，他们是一种开启人的解脱智慧的象征）的对话，也许我们能够从中获得一些启发：

　　一日，寒山对拾得说："今有人侮我、笑我、藐视我、毁我、伤我、嫌恶恨我、诡谲我，则奈何？"拾得回答说："子但忍受之，依他、让他、敬他、避他、苦苦耐他、不要理他。且过几年，你再看他。"

　　那个高傲，不可一世的人结局就可想而知了，而我们也一定可以想象得出拾得的胜利的微笑——尽管这可能是一种超脱

圆滑者的微笑。不过，它的确会给我们的生活带来一些好处。

所以，如果我们知道福祸常常是并行不悖的，而且福尽则祸亦至，而祸退则福亦来的道理，那么，我们就真的应该采取"愚""让""怯""谦"这样的态度来避祸趋福，所以，"吃亏是福"不失为人生一种特殊的处世哲学，也是一种生活的艺术。

我们所指的"吃亏"大多是指物质上的损失，都是身外之物，倘使一个人能用外在的吃亏换来心灵的平和与宁静，那无疑会获得人生的幸福。

其实人是一个有着超强平衡系统的。当你的付出超过你的回报时，你一定取得了某种心理平衡的优势；反之，当你的获得超出了你付出的劳动，甚至不劳而获时，你就会陷入某种心理劣势。

生活中，很多人都有拾金不昧的美德，这绝不是因为大家跟钱有仇，而是因为我们不愿意被一时的贪欲搞坏了长久的心情。天下没有免费的午餐。同样，我们不会无缘无故地得到，也不可能无缘无故地失去。只有时刻保持一颗平常心，让一切来去自然，那样的生活才是最真实、最快乐的。

有时候，你是用物质上的不合算换取精神上的超额快乐。有

时候，你看似占了一点儿便宜，却同时在不知不觉中透支了精神的快乐。吃亏是福。现实生活中，很多人以低调的姿态做着各种各样的事情，因为他们就是我们所说的那种"内心平衡"的人，他们就能做到"不以物喜，不以己悲"。

东晋宰相谢安在指挥淝水之战时，一边与人下棋，一边不时听取前方传来的战报，当时东晋只有八万人马，而前秦符坚却号称"百万之众"。此战若败，东晋势必灭亡，与谢安下棋的人哪能沉得下心来，那人不时流露出焦急神色，但谢安镇定自若，棋路不乱。终于前方传来谢石、谢玄大败前秦的捷报。可见，谢安的自控能力绝非一般。

一个内心平衡的人，他不会轻易受外来感情因素的干扰，不易激动、发怒，不仅平时保持心平气和，而且注重个人内在修养的发展，因此，无论在什么情况下，都能始终保持一颗平常之心，泰然自若。

打破消极的念头

　　人没有满足的时候，即使现在周围的人都在羡慕你的生活，你也不会觉得自己过得多么幸福和快乐，因为在你的眼中还有很多值得你羡慕的人和事。当这种不平衡的心理作祟的时候，你对所拥有的一切都将毫无感觉，你所想到的、看到的只是你自认为不如别人的，这同时，你也丧失了所有的快乐。

　　其实，你羡慕别人也正如别人羡慕你一样，你认为的好，也许正是对方的痛苦所在。不同的人，对成功、对幸福的理解和追求也都是不尽相同的。很多时候，得到并不意味着都是快乐，失去与失败，换一个角度看，才能体会出真正的意义，从

而为自己找到心理上的平衡点和支撑点。

　　生活并不是无所事事打发时间的过程。如果我们把精力都放在驱除不愉快的心情上，便不会有剩余的精力来应付生活本身的需要。人的情绪都会有高潮有低谷，要想永葆快乐，就要像戴尔·卡耐基所说："学会控制情绪是我们成功和快乐的要诀。"

　　实际上，没有任何东西比我们的情绪，也就是我们心里的感觉更能影响我们的生活了。也许你并没有意识到，痛苦和快乐有着巨大的力量。但是，我需要强调的是，只要你善于利用它们，你就会受益匪浅。

　　一切情绪都来自于你自己，你是一切情绪的创造者。很多人都这么以为，一切希望得到的情绪得必须等候，譬如说，有些人除非真得到了所企求的东西，否则就不觉得感受到爱、快乐或信心。而事实上，你可以在任何时候选择所要想的感受，去体验所希望的情绪。

　　那么，如何选择所希望的情绪而消除负面情绪的影响呢？答案很简单，只要你真正拿出行动，用积极的心态去面对，事情就终有解决的时候。不管情绪有多痛苦，如果你想很快打破消极的念头，找到走出困境的方法，不妨按照下述六个步骤去做，也许就会柳暗花明。

1.确认你真正的感受

很多时候，人对自己的真实感受都是很模糊的。只是一头栽进那些负面情绪，承受不当的痛苦折磨。其实他们无须如此对待自己。只要稍微往后退一步，问问自己："此刻我是什么样的感受？"如果你真觉得自己已经处于一种愤怒的状态，那么你再问问自己：我真是觉得愤怒吗？抑或是其他？也许你只是自尊心受到了伤害，或者觉得自己损失了些什么。当你明白了真正的感觉只是受伤或者受损失，你就会发现这一切的发生根本不值得自己生气。也就是说，只要你肯花时间去认真地感受，找到自己真实的感受，就能降低情绪强度，以客观理性的态度处理问题。

2.肯定情绪的功效，认清它所能给你的帮助

绝对不可"扭曲"情绪的积极功能，任何事情若是被我们"预设了立场"，那么我们就无法看出它的真貌，而别人善意的建议也不会接受。一味地压抑情绪，企图减轻它对我们的影响不但没用，反而会更加缠着我们。因此，对于一切你所认为的"负面情绪"都该重新检讨，给它们重新定位，日后当你再遇上相同的情况，那些情绪不但不再困扰你，反而能带你走出另一片天地。

3.情绪被困时，重新认识情绪的真义

情绪是琢磨不透的东西，当你被它困扰的时候，很容易深陷其中不能自拔，所以，你必须采取积极的态度去解决问题，让它不再发生。因此，在生活中，当你有某种情绪的反应时，要带着探究的心理，去看看那种情绪真正带给你的是什么。此刻你到底应该怎么做才能使情绪好转？如果你觉得孤单，不妨问问自己："我是不是真的孤单呢？抑或是自己曲解了？事实上我周围有不少朋友。如果我能让他们知道我要去看他们，他们是否也会很乐意来看我呢？孤单的感觉提醒我该多跟朋友联系了。"

我觉得，下面四个问题来帮助自己改变情绪："到底我想怎样？""如果我不想这么继续下去，那得怎么做呢？""对于目前这个状况我得如何处理才好？""我能从中学到些什么？"只要你对情绪有正确的认识，那么就必然能从中学到很多重要的东西，不仅在今天能帮助你，在未来亦会如此。

4.要有自信

信心是一切成功的先决条件，更是治愈一切创伤的良药。因此，你对自己要有信心，确信情绪是能够随时掌握的。掌握情绪最迅速、最简单且最有效的方法，就是拾起过去曾经有过

的经验，回想一下过去类似的情绪经验，当时是怎么解决的？
然后针对目前的状况，拟出可以让你成功掌握情绪的策略。由
于过去你曾处理过这种情绪，而现在对情绪又有了新的认识，
相信这样可以帮助你拟定策略。只要你决定按照上次成功的模
式去做，带着信心，那么这一次依然会如上一次那样有效。

5.要确信自己今天和未来都能控制情绪

要想未来依然能够很容易地掌握情绪，你必须对自己现
有的做法有充分的信心，过去你已经使用过，并且证明确实有
效，如今你只要重新使用即可。你要全心全意地去回想，去感
受当时的情景，使顺利处理的经过深印在你的神经系统中。当
然，你最好可以再想出其他几种可能的处理方法，把它们写在
小纸片上，不时提醒你自己。这些可能的处理方法包括改变你
的认识、改变你的沟通方式或改变你的行动等。

6.要以振奋的心情做出行动

人之所以振奋，是知道自己可以很容易地掌握情绪；拿出
行动，为了证明自己确有能力掌握。

总之，当你熟知这几个简单的步骤又能运用得很灵活，日
后就能很快地确认及改变情绪了。这几个步骤在一开始运用时
可能会有点儿困难，不过就像学习任何新的事情一样，只要你

不停练习，就会越来越顺手。奥格·曼狄诺在处理事情绪问题上一直信守这套哲学："当怪物还不大时，就得处理掉。"只要你确认情绪的真实面貌，再加上能有效地运用这几个步骤，不用多久，便会发现自己在处理情绪上得心应手了。

也许过去你认为是情绪的"地雷区"，如今有了上述六步骤，你便仿佛拥有了探测器，如果可以运用得得心应手，那么每一步都会有成功的把握。

不以得喜，不以失悲

我们的人生就是一个不断地失而复得、得而复失的过程。一个不懂得什么时候该放手的人是愚蠢的；一个不知道失去有时候也是一种收获的人，更是一个失败的人。所以，我们要正确看待一切得与失，这样我们才能舒心地活着。

我认为，只知道得，不知道失的人，是一种处于混沌中的人。他们除了取得生命，还要取得食物，以求生长；取得知识，增长才干。这是人生之初的期待；长大之后，则要有失有得，此时也就要学会获取和付出，也就是人们常说的，学会取与舍。即学会取熊掌而舍鱼，或取利禄而舍悠闲。人生之路漫

长，有坦途，也有崎岖之处和险滩。当走到崎岖之路和险滩地方的时候，就仿佛登山履危、行舟遇险，此时则更要懂得舍，如果不懂得舍"物"，那只有舍"命"了。

只有傻人，才会苦苦地挽留夕阳；只有蠢人，才会久久地感伤春光。贪小便宜的人，往往会失去更珍贵的东西。舍不得家庭的温暖，起程的脚步就会被羁绊；迷恋手中的鲜花，很可能就耽误了你美好的青春。

人都应该正确地看待自己，是你的别人抢不走，不是你的，你想得也得不到。记得有一位作家曾说过："来得偶然，去得必然。该来的来，该去的去。来去之间，能留下多少就算多少。"好也罢，坏也罢，都是自己的前因后果的循环罢了，这又有什么喜与忧呢？又有什么要埋怨的呢？把握当下，去完成自己的理想，哪怕只是跨出一毫一厘，哪怕是失败。其实失败是最终的成功。也许今天的得与失，就是给自己明天一个宽敞的天地，为了得到更好。

少女时代的玛丽亚天真烂漫，好学上进。而当她中学毕业后，因家境贫寒无钱去巴黎上大学，只好到一个贵族家里去当家庭教师。在这期间，她与这个贵族的大儿子卡西密尔相爱了，但是他们的感情却受到卡西密尔父母的反对。虽然两位老

人也深知玛丽亚生性聪明、品德端正，但深受等级观念影响的他们是不允许自己的儿子要一个出身贫贱的家庭女教师的。卡西密尔的父亲大发雷霆，母亲则几乎晕了过去。在父母的逼迫和要挟下，卡西密尔屈从了。

失恋的痛苦折磨着玛丽亚，甚至让她产生了自杀殉情的念头。不过，玛丽亚毕竟不是平凡的女人，她除了深爱卡西密尔，还热爱科学和自己的亲人。由此，她放下情缘，刻苦自学，并帮助当地贫苦农民的孩子学习。

三年后，玛丽亚又见到了卡西密尔，她和他进行了最后一次谈话，卡西密尔还是那样优柔寡断，于是，玛丽亚果断地斩断情丝，踏上了去巴黎求学的道路。

在巴黎，她不但学到了精深的化学知识，更遇到了与她相爱一生的真正伴侣。

如果说前一次的失恋是玛丽亚的一次失去，是她人生中的第一次失败经历。那么，如果没有这次失去，她的人生将会是另一种样子，世界上也会因此少了一位伟大的科学家——居里夫人。

不可否认，我们每个人来到这个世界上的时候，都是赤条条身无一物，而当我们离开的时候，也是两手空空。人的一生中，只有生命是伴随我们最长时间的，但是即使是生命我们也只能拥有一定的年限，没有什么会真正于我们"长相厮守"，我们似乎从懂事的那天起就在不断地索取着，索取知识、索取经验、索取财富、索取情感……而随着从童年到青年、壮年、中年、老年，时光的流逝也带走了我们所拥有的许多东西，比如青春、健康、家人……得到了，但是我们也失去了。

一个人曾经和女友做了一个小测验，说如果同时丢了三样东西：钱包、钥匙、电话本，最紧张哪一样？女友毫不犹豫地选择了电话本，而他毫不犹豫地选择了钥匙。答案说："女友是一个怀旧的人，而这个人则是一个现实的人。"

后来他们分手了，女友的确因为无法忘记那段大学时代未果的爱情，无法彻底删除那段他们之间美好的过去，所以总是闷闷不乐，而爱情中的他早已为人夫、为人父。女友的心停在了过去，一直后悔当初没有坚持到底，因此，也错过了很多不错的人。

他问她："还可以挽回吗？"她摇摇头。

他说："那为什么不放弃？"

她无奈地说："放弃不了。"

他说："其实是你不想放弃。"

有句古话说得好："苦海无边，回头是岸。"偏偏有人就执迷不悟，可见，烦恼就是自己找来的。

有一个女孩，四年前在女友的宿舍玩，一时贪念起，想偷屋里的一副耳环，后来被耳环的主人识破，女孩羞愧难当，自此离开家乡，再也没回去过。

有些错，一旦犯下了，就再也无法弥补。人生就是这样残酷，因为我们不是在打草稿，可以重新来过，我们每一天，每时每刻，都是现场直播，由不得你出任何差错。有时，需要你付出代价，这个代价就是放弃。

放弃需要明智，该得时你便得之，该失时你要大胆地让它失去。有时你以为得到了某些时，可能失去了很多；有时你以为失去了不少，却有可能获得许多。外在的放弃让你接受教训，心里的放弃让你得到解脱。生活中的垃圾既然可以不皱一下眉头就轻易丢掉，情感上的垃圾也无须抱残守缺。不要总想着挽回，有时人生需要放弃。

不以得喜，不以失悲。尽自己最大的努力去做，管它花开花落，云卷云舒。

平静

　　学过哲学的人都知道，事物有它的多重性。不同的思维方式，有不同的解决问题的方法、措施，能引发不同的结果。既然如此，我们不妨给自己营造一个平静的心境，从而摒弃那种悲观消极的方法，采取正确的思维方法，一切可能真的美好起来。

　　生活中，平静的心境的确可以使我们坚定，意志集中，头脑清晰，对眼前的问题有一个沉着、全盘的看法；也使我们可以看清周围的环境，忘却自己，把注意力转移到更持久的事物上去。

　　在美国的所有总统中，亚伯拉罕·林肯是唯一出身于贫民阶层的一个。这位深受美国人民怀念的伟大总统是这样描述自己的

外表的："如果有人希望我描述一下自己的外表，那我可以直言奉告。我身高6英尺6英寸，体重180磅，肤色黝黑，骨瘦如柴，黑头发，灰眼睛。如此而已，别无其他引人注目之处。"

在入主白宫以前，林肯一直处于颠沛流离中，加上其貌不扬，又一贯不修边幅，常穿着一双粗绒线的蓝袜子、一双大拖鞋，甚至连领带都不打。

当他初到白宫任职时，阁员中的阔佬没有一个瞧得起他。他们甚至要挟林肯老实地蹲在白宫的角落里。

财政部长齐斯对林肯可以统治白宫感到十分惊讶，不时窥视着总统的职位。他不仅在背地里煽动别人对总统不满，还连续五次以提出辞职来要挟。虽然第五次林肯批准了他的辞呈，但是林肯始终认为他是一个有才干的人。林肯说："齐斯是一个很有才能的人，尽管他在背后愚蠢地反对我，但是我绝不愿铲除他。"齐斯辞去财政部长后，林肯量才而用，任命他为最高法院的首席法官。

陆军部长斯坦东同样瞧不起林肯。他曾声称："我不愿意同一个笨蛋、老憨、长臂猴为伍。"他还冷嘲热讽地说："人

们为什么要到非洲去寻找大猩猩，现在坐在白宫中抓耳挠腮决定美国命运的不就是吗？"林肯听后说："我决心牺牲一部分自尊，要重用斯坦东任陆军部长。因为他绝对忠于国家，富有力量和知识，像发动机一样工作不息。"

有一次，一位议员带着林肯的手令去给他下指示，斯坦东居然拍桌大叫："假如总统给你这样的命令，那么他就是一个浑人！"那位议员满以为林肯会因此把他撤职，可是，林肯听了汇报后却说："假如斯坦东认为我是一个浑人，那么我一定是了。因为他几乎一切都是对的。"事后斯坦东极为感动，马上给林肯致歉。

虽然身为总统，但是林肯惹来了很多非议。白宫内部如此，外部也不例外。

富豪也瞧不起林肯，总想给他一点儿难堪，甚至有人竟当众奚落他，想使他下不了台。有一天，道格拉斯见了林肯，便挖苦道："林肯先生，我初次认识你的时候，你是一家杂货店的老板，站在一大堆杂物中卖雪茄和威士忌，真是个难得的酒店招待呀！"

然而，林肯并没有发火，不以为然地说道："先生们，道格拉斯说得一点儿也不错，我确实开过一家杂货店，卖些棉花啦，蜡烛啦，雪茄什么的，也卖威士忌。我记得那时，道格拉斯是我最好的顾客了。多少次他站在柜台的那一头，我站在柜台的这一头，卖给他威士忌。不过，现在不同的是，我早已从柜台的这一头离开了，可是道格拉斯先生却依然坚守在柜台的那一头，不肯离去。"

林肯说完，周围的人都哈哈大笑起来，称赞林肯说得好。而道格拉斯却涨红着脸，显得尴尬万分。他自讨了个没趣，便灰溜溜地走开了。

对群众的批评意见，即使是骂自己的话，只要是有道理的，林肯也愿意接受。

有一次，林肯和儿子罗伯特驱车上街，遇到一队军队在街上通过。林肯随口问一位路人："这是什么？"林肯原想问是哪个州的兵团，但没有说清楚，那人却以为他不认识军队，便粗鲁地回答说："这是联邦的军队，你真是个大笨蛋。"林肯面对着一个普通路人对自己的斥责声，只说了声"谢谢"，没

有半点儿怒容。他关上车门后，严肃地对儿子说："有人在你面前向你说老实话，这是一种幸福。我的确是一个大笨蛋。"

1860年，林肯成了共和党的候选人。但是，参加总统竞选的他没有专车，他只能买票乘车。然而每到一站，朋友们都会为他准备一辆耕田用的马车。他发表竞选演说道："有人写信问我有多少财产，我有一位妻子和三个儿子，都是无价之宝。此外，还租有一个办公室，室内有桌子一张，椅子三把，墙角还有大书架一个，架上的书值得每人一读。我本人既穷又瘦，脸蛋很长，不能发福。我实在没有什么可依靠的，唯一可依靠的就是你们。"

即使林肯寒酸至极，但是林肯成功了，他以其平静的心境和严谨的理智，成了美国历史上最让人尊敬怀念的总统。

中国有句话叫作"心静自然凉"，这足以说明静心的作用。

如今，社会节奏不断加快，很多人受此影响，内心开始变得越来越浮躁，人们给自己设定的目标越来越多，但最终实现的没有几个，都在途中放弃了。唯有静下心来，专心志至地做自己的事情，即使你很平凡，但是你依然会获得成功。